绿色建筑智能化技术指南

顾永兴 主编

中国建筑工业出版社

图书在版编目（CIP）数据

绿色建筑智能化技术指南/顾永兴主编．—北京：中国建筑工业出版社，2011.11（2025.1重印）

ISBN 978-7-112-13358-1

Ⅰ.①绿⋯ Ⅱ.①顾⋯ Ⅲ.①生态建筑：智能化建筑－工程技术－指南 Ⅳ.①TU18-62②TU243-62

中国版本图书馆CIP数据核字（2011）第144962号

本书首先介绍了绿色建筑的理念、定义和标准，对其价值、作用进行了分析与评估，并简述了不同建筑类型（绿色公共建筑、绿色住宅建筑、绿色工业建筑）中智能化技术的应用；然后分别介绍了绿色建筑智能化的核心基础应用与新型特色应用的技术、系统；最后论述了绿色建筑及智能化的发展、存在的问题和可持续发展的对策。

本书旨在满足智能化系统集成公司、建筑设计院、房地产开发公司、机电安装公司的领导和技术人员学习绿色建筑智能化新技术、汲取示范工程实践经验的需要，希望借此规范、指导智能化新技术在绿色建筑中的进一步实践和应用，并推动绿色建筑行业的发展。

责任编辑：向建国 何玮珂
责任设计：赵明霞
责任校对：陈晶晶 王雪竹

绿色建筑智能化技术指南

顾永兴 主编

*

中国建筑工业出版社出版、发行（北京西郊百万庄）
各地新华书店、建筑书店经销
北京京点设计公司制版
北京凌奇印刷有限责任公司印刷

*

开本：787×1092毫米 1/16 印张：12¼ 字数：300千字
2012年1月第一版 2025年1月第五次印刷
定价：**48.00**元
ISBN 978-7-112-13358-1
（36978）

版权所有 翻印必究
如有印装质量问题，可寄本社退换
（邮政编码 100037）

本书编委会

编委会主任：程大章

编　　委：（按姓氏笔画排序）

　　　　　　方天培　李春生　吴　斌　余秉东　张渭方
　　　　　　陈卫新　陈华刚　周建平　耿裕华　顾永兴
　　　　　　黄志波　程志军　蓝鸿翔

主　　编：顾永兴

副 主 编：王　翀　祁志民

主　　审：蓝鸿翔

序

中国政府长期来一直将可持续发展作为基本国策，绿色建筑的节地、节能、节水、节材与保护环境的建设目标，使可持续发展在建设领域得以落实。经过近八年的努力，我国的绿色建筑取得了长足的进步，绿色建筑技术的研究与应用也日益深入与成熟。

绿色建筑的运行与管理向建筑智能化技术提出了大量需求，同时也促进了智能化技术的进步。这两者关系，正如我在2006年指出的：以智能化推进绿色建筑，节约能源，降低资源消耗和浪费，减少污染，是建筑智能化发展的方向和目的，也是绿色建筑发展的必由之路。

前　言

绿色建筑已经成为全球建筑可持续发展的大趋势，为促进绿色建筑发展，规范、指导和创新智能化技术在绿色建筑中的实践及应用，满足建筑行业从业人员管理和工程实践的需要，在中国绿色建筑委员会的指导和支持下，上海市电子学会建筑智能化技术专业委员会组织了一批大型智能化集成公司和业内专家、行家编写了《绿色建筑智能化技术指南》一书，并由中国建筑工业出版社出版。

本书由六章组成，主要内容如下：

第1章　绿色建筑　介绍了绿色建筑的理念及定义、与低碳经济的关系、绿色建筑的评价及标准以及国内外评估体系等。

第2章　绿色建筑智能化价值分析与评价　从运行、价值分析及作用角度表述了智能化技术是绿色建筑的重要基础。

第3章　绿色建筑的智能化　根据绿色建筑的特点与业态分类，介绍了绿色公共建筑、绿色住宅建筑、绿色工业建筑的智能化设计。

第4章　绿色建筑智能化应用基础　介绍了BA、通信、环境监测、能源监测和信息集成系统的原理与技术应用。

第5章　绿色建筑智能化的特色应用　根据绿色建筑的低碳、节能、环保的要求，详细介绍了绿色照明、水处理、遮阳设备、呼吸墙、节能电梯、太阳能光伏、太阳能光热、风力发电和地源热泵、绿色数据中心等新材料、新工艺的智能化监控技术及应用。

第6章　绿色建筑智能化展望　论述了绿色建筑及智能化的发展、目前存在的问题和可持续发展的对策。

通过以上几个方面的论述，以期进一步深化及创新智能化技术在我国绿色建筑中的应用，并对工程设计及实施提供一定的指导作用。

本书由顾永兴主编、由蓝鸿翔主审；其中：第1章1.1节由林永健撰稿，1.2节由黄志波、罗启军、沈昭华撰稿；第2章由顾永兴撰稿；第3章3.1节由田晓峰、许笑旻撰稿，

3.2节由郑世宇撰稿,3.3节由祁志民撰稿;第4章4.1节由孙靖撰稿,4.2节由刘嵩撰稿,4.3节由陆明浩撰稿,4.4节由杨文滨、施展翔撰稿,4.5节由崔中发、赵怡撰稿;第5章5.1节由叶律、林永健撰稿,5.2节由胡云、吴凌云、刘红宝撰稿,5.3节由陆明浩撰稿,5.4、5.6、5.7、5.8节由王翀、胡志慧撰稿,5.5节由周兴撰稿,5.9节由黄志波、罗启军、沈昭华撰稿,5.10节由陈亮撰稿;第6章6.1节由耿裕华撰稿,6.2节由余秉东撰稿,6.3节由吴斌撰稿。

在本书编写过程中,得到了中国绿色建筑委员会、上海宝信软件股份有限公司、上海泰豪智能节能技术有限公司、上海信业智能科技股份有限公司、江苏达海科技发展有限公司、国际商业机器(中国)有限公司、北京江森自控有限公司、施耐德电气(中国)有限公司、同济大学建筑设计研究院、上海灵佳自动化信息技术有限公司等单位的大力支持与帮助,同时在本书成书过程中受到了业内众多专家的指点,尊敬的住房和城乡建设部副部长仇保兴同志在百忙中为本书作序,对此我们一并致以最诚挚的谢意。

由于绿色建筑智能化技术在不断地发展和提升,囿于我们的认识和专业水平,书中难免存在不足与谬误,恳请广大读者给予批评与指正。

上海市电子学会建筑智能化技术专业委员会
2011年3月

目 录

序
前言

第1章 绿色建筑 1
1.1 绿色建筑与低碳经济 1
1.1.1 绿色建筑理念的形成 1
1.1.2 绿色建筑的定义 2
1.1.3 低碳经济、低碳城市与绿色建筑 3
1.2 绿色建筑的评价及其标准 4
1.2.1 绿色建筑体系的构成及特征 4
1.2.2 绿色建筑的规划设计技术 6
1.2.3 国（境）外成功的绿色建筑评估体系 14
1.2.4 中国绿色建筑三星级评估体系 17

第2章 绿色建筑智能化价值分析与评价 20
2.1 智能化系统是支撑绿色建筑的重要基础 20
2.1.1 绿色建筑的运行需求 20
2.1.2 智能化系统在绿色建筑中的价值 21
2.1.3 智能化系统在绿色建筑中的应用 23
2.2 绿色建筑评价标准中的智能化技术 24
2.2.1 绿色建筑评价标准中与智能化相关的内容 24
2.2.2 绿色建筑评价过程中对智能化系统的要求 25

第3章 绿色建筑的智能化 27
3.1 绿色公共建筑的智能化 27
3.1.1 公共建筑的业态分类 27
3.1.2 绿色公共建筑的特点 27
3.1.3 绿色公共建筑的设备及设施系统 29
3.1.4 绿色公共建筑中的智能化应用 34
3.2 绿色住宅建筑的智能化 36
3.2.1 住宅建筑及其分类 36
3.2.2 绿色住宅建筑的特点 36
3.2.3 绿色住宅建筑的设备与设施 37

  3.2.4　绿色住宅建筑中的智能化应用 40
 3.3　绿色工业建筑的智能化 42
  3.3.1　工业建筑及其分类 42
  3.3.2　绿色工业建筑的特点 43
  3.3.3　绿色工业建筑的设备与设施 44
  3.3.4　绿色工业建筑中的智能化应用 46

第4章　绿色建筑智能化应用基础 48
 4.1　BA控制技术 48
  4.1.1　BA系统概述 48
  4.1.2　BA系统与节能 49
  4.1.3　BA系统节能的基本方式 50
  4.1.4　BA系统节能的综合控制策略 52
  4.1.5　BA系统展望 63
 4.2　通信技术 63
  4.2.1　概述 63
  4.2.2　通信技术在智能建筑中的应用 64
  4.2.3　绿色建筑中的通信系统及设备 65
  4.2.4　通信系统工程的绿色实施 70
 4.3　建筑环境监测技术 71
  4.3.1　建筑环境的指标形式 71
  4.3.2　热舒适性及节能设计 71
  4.3.3　视觉舒适性及节能设计 73
  4.3.4　听觉舒适性及节能设计 74
  4.3.5　建筑环境监测技术展望 75
 4.4　能源监测与管理系统 76
  4.4.1　建筑能耗及建筑节能 76
  4.4.2　建筑能耗监测系统的相关技术标准 76
  4.4.3　建筑能源监测管理系统概述 77
  4.4.4　建筑能源监测管理系统架构 77
  4.4.5　建筑能源监测管理系统与BA系统 78
  4.4.6　能源监测管理系统实施要点 79
  4.4.7　案例介绍 80
 4.5　信息集成系统 86
  4.5.1　智能建筑信息集成系统总述 86
  4.5.2　智能建筑信息集成系统架构 87
  4.5.3　智能建筑信息集成系统的基本功能 89

4.5.4 智能建筑信息集成系统在节能方面的体现 ... 91
4.5.5 智能建筑信息集成系统性能指标 ... 93
4.5.6 案例介绍 ... 94

第5章 绿色建筑智能化的特色应用 ... 97

5.1 绿色照明控制系统 ... 97
5.1.1 概述 ... 97
5.1.2 照明控制系统原理与特点 ... 97
5.1.3 照明控制系统的分类 ... 98
5.1.4 案例介绍 ... 99

5.2 水处理控制系统 ... 100
5.2.1 水处理控制系统结构 ... 100
5.2.2 节水与水资源利用 ... 101
5.2.3 污水处理自动化监控系统 ... 103
5.2.4 中水回用系统 ... 104
5.2.5 水处理监控系统实施 ... 105
5.2.6 案例介绍 ... 106

5.3 建筑遮阳设备的监控系统 ... 108
5.3.1 建筑热工设计分区及要求 ... 108
5.3.2 建筑遮阳形式及绿色节能效应 ... 108
5.3.3 建筑遮阳设备的控制方式 ... 111
5.3.4 案例介绍 ... 113
5.3.5 智能遮阳监控系统设计展望 ... 115

5.4 呼吸墙监控系统 ... 116
5.4.1 概述 ... 116
5.4.2 呼吸墙分类 ... 117
5.4.3 呼吸墙监控系统 ... 119
5.4.4 呼吸式玻璃幕墙系统的应用 ... 121
5.4.5 案例介绍 ... 122

5.5 节能电梯的监控系统 ... 122
5.5.1 节能电梯 ... 122
5.5.2 节能自动扶梯 ... 125
5.5.3 案例介绍 ... 127

5.6 太阳能光伏监控系统 ... 130
5.6.1 概述 ... 130
5.6.2 太阳能光伏发电监控系统 ... 132
5.6.3 案例介绍（一）——某企业的10kW用户侧并网太阳能光伏发电系统 ... 135

5.6.4 案例介绍（二）——2010上海世博会中国馆 ... 137
5.7 太阳能光热监控系统 ... 138
　　5.7.1 概述 ... 138
　　5.7.2 太阳能热水系统组成 ... 139
　　5.7.3 太阳能热水系统应用形式 ... 139
　　5.7.4 太阳能热水监控系统 ... 140
　　5.7.5 案例介绍 ... 143
5.8 风力发电监控系统 ... 144
　　5.8.1 风力发电机的种类 ... 144
　　5.8.2 风力发电机的组成及原理 ... 145
　　5.8.3 风力发电机监控系统 ... 146
　　5.8.4 案例介绍 ... 148
5.9 水/地源热泵监控系统 ... 150
　　5.9.1 水/地源热泵工作原理及设备 ... 150
　　5.9.2 水/地源热泵控制工艺与控制策略 ... 152
　　5.9.3 水/地源热泵监控系统 ... 153
　　5.9.4 水/地源热泵监控系统设计和实施要点 ... 154
　　5.9.5 案例介绍 ... 155
5.10 绿色数据中心 ... 160
　　5.10.1 绿色数据中心 ... 160
　　5.10.2 实现绿色数据中心的关键策略 ... 162
　　5.10.3 绿色数据中心的运行与能耗管理 ... 169

第6章 绿色建筑智能化展望 ... 171
6.1 绿色建筑发展前景 ... 171
　　6.1.1 绿色建筑智能化是发展绿色建筑的必然要求 ... 171
　　6.1.2 绿色建筑智能化发展中存在的问题 ... 172
　　6.1.3 我国绿色建筑可持续发展的对策 ... 173
6.2 绿色建筑标准的发展 ... 174
　　6.2.1 绿色建筑设计规范要点 ... 175
　　6.2.2 绿色建筑评价标准的发展 ... 177
6.3 绿色建筑智能化技术的发展趋势 ... 178
　　6.3.1 绿色建筑智能化系统的三大特征 ... 178
　　6.3.2 基于IT新技术的建筑智能化技术的发展 ... 179
　　6.3.3 绿色建筑智能化发展前景 ... 180

参考文献 ... 181

第1章 绿色建筑

1.1 绿色建筑与低碳经济

进入21世纪，全球城市化进程加快、经济快速增长，但是人口急骤增加、资源稀缺、环境恶化，使人类面临严峻挑战。在建筑物的建造和使用过程中，不仅消耗大量的能源与资源，而且对环境产生一定的破坏作用。据研究数据反映，人类的建设行为及其成果——建筑物在生命周期内消耗了全球资源总量的40%、全球能源总量的40%，建筑垃圾也占全球垃圾总量的40%。因此，对于节约能源与资源、提高使用效率、缓解能源资源短缺的矛盾、保护和改善环境，各国政府与工程界都进行了不懈的研究与实践，提出了绿色建筑的理念。绿色建筑强调人与自然的和谐，避免建筑物对生态环境和历史、文化环境的破坏，促进资源可以循环利用，室内环境舒适，这符合中国政府实行的可持续发展的基本国策，因而受到了各级政府、工程界与房地产业的高度重视。

1.1.1 绿色建筑理念的形成

中国正处于工业化、城市化加速发展时期，我们不仅要注重单体建筑的效果，更需要全面考虑降低能源资源消耗、保护环境的总体效果。中国现有建筑总面积400多亿m^2，预计到2020年还将新增建筑面积约300亿m^2。中国政府正在积极调整经济结构、转变经济增长方式，提出鼓励发展节能省地型住宅与公共建筑，要求制定并强制推行更严格的节地节能节水节材（简称"四节"）标准，促进城镇发展质量和效益的提高。

发展节能省地型住宅与公共建筑，必须用城乡统筹、循环经济的理念，挖掘建筑"四节"的潜力。"四节"都有各自的要求，必须统筹考虑，综合研究。节地的关键在于城乡空间的统筹，节能是重点降低长期使用时的总能耗，节水是重点考虑水资源的循环利用，节材是重点研究新型工业化和产业化道路。

中国政府正在研究制定经济政策，采取区域统筹、分类指导等有效措施，推进建设节能省地型的绿色住宅和公共建筑。这些工作已经在城镇体系规划、城市总体规划、近期建设规划、控制性详细规划等不同层次的规划中得以体现：

1）充分研究论证能源、资源对城镇布局、功能分区、基础设施配置及交通组织等方面的影响，确定适宜的城镇规模、运行模式，加强城镇土地、能源、水资源等利用方面的引导与调控，实现能源资源的合理节约利用，促进人与自然的和谐。

2）以科技创新为支撑，组织科技攻关、重大技术装备及产业化、新型能源和可再生能源以及新材料、新产品的开发及推广应用。

3）引进、消化、吸收国际先进理念和技术，增强自主创新能力，发展适合国情具有自主知识产权的适用技术。

4）加大标准规范的编制力度，形成比较完善的建筑"四节"标准规范体系，并加强标准执行的实施和监管。研究和制定促进住宅产业现代化的技术经济政策，将住宅产业化与新型工业化紧密结合起来，由骨干企业带动建立现代化的住宅生产体系。同时充分重视存量建筑的改造，把治理污染、降低能耗作为日常的基本工作。推进供水、供热、污水处理等市政公用事业改革，不断探索创新体制机制。

为了实现绿色建筑的建设目标，在工程中涉及大量的技术与政策问题，详见表1.1.1。

绿色建筑涉及的技术、工程与政策　　　　　表1.1.1

类别	内容
区域规划	城镇体系规划、城市总体规划、近期建设规划、控制性详细规划
建筑设计	自然采光、自然通风、室内设计、结构设计
建筑材料	墙体保温材料、门窗、墙面材料、涂料、结构、隔墙材料、遮阳百叶
建筑设备	照明节能控制、空调节能控制、节水型给水设备，变频调速应用，热能回收
能源系统	太阳能/风能/地热利用、热电联产、区域供冷热、吸收式制冷、冰蓄冷、燃料电池
资源利用	雨污水再生回收、生活垃圾再生利用（沼气等）、建筑垃圾再生利用
管理信息	环境监测、生态监测、能源与资源综合管理信息、社区信息共享、建筑智能化系统、社区通信网络系统
生态	绿化设计、生态系统设计、环境设计
技术标准	建筑节能标准、绿色建材技术标准、绿色建筑评价标准、节能与环保设备技术标准
政策法规	建筑节能标准的执行条例，供电、供水、供热、污水处理等市政公用事业体制改革，新能源与可再生能源推广应用奖励制度

由表1.1.1中所列项目可见，在建筑设备、资源利用、管理信息、生态等领域，有大量需要解决的智能控制与信息管理的课题。如果不能有效地实现各类设备系统的智能控制，不能完备地进行建筑物建设、运行与更新过程的信息管理，实现绿色建筑的目标将存在很大的障碍。

1.1.2　绿色建筑的定义

人类的建筑经历了掩蔽、舒适建筑、健康建筑三个阶段。第一阶段是低能耗甚至无能耗的阶段，第二和第三阶段是高能耗的阶段。随着人们对全球生态环境的关注和可持续发展思想的深入，建筑物开始走向第四阶段："绿色建筑"。

该阶段主要特征为：大量利用可再生能源（Renewable Energy）和未利用能源（Unused Energy），强调能源节约和建筑材料资源的循环使用，尽量减少建筑过程中对自然生态环境的损害。"绿色建筑"（Arology）作为生态学（Ecology）和建筑学（Architecture）的结合，由美籍意大利建筑师保罗·索勒瑞（Paola Soleri）在20世纪60年代首次提出。综合国内外专家的研究，绿色建筑可理解为在建筑的"全生命"周期内，最大限度地保护环境、节约资源（节能、节水、节地、节材）和减少污染，为人们提供健康、适用和高效的使用空间，最终实现人与自然共生的建筑物。

绿色建筑的"绿色"，并不是指一般意义的立体绿化、屋顶花园，而是代表一种概念或象征，指建筑对环境无害，能充分利用环境自然资源，并且在不破坏环境基本生态平衡条件下建造的一种建筑，在此类建筑的全生命周期内，最大限度地节约资源（节能、节地、节水、节材），保护环境和减少污染，为人们提供健康、适用和高效的使用空间。与自然和谐共生的建筑，又可称为可持续发展建筑、生态建筑、回归大自然建筑、节能环保建筑等。

绿色建筑以人、建筑和自然环境的协调发展为目标，应尽量减少使用合成材料，充利用阳光，节省能源，为居住者创造一种接近自然的感觉；在利用天然条件和人工手段创造良好、健康的居住环境的同时，尽可能地控制和减少对自然环境的使用和破坏，充分体现向大自然的索取和回报之间的平衡。

绿色建筑的基本内涵可归纳为：减轻建筑对环境的负荷，即节约能源及资源；提供安全、健康、舒适性良好的生活空间；与自然环境亲和，做到人、建筑与环境的和谐共处、永续发展。

绿色建筑设计理念分为节约能源、节约资源和回归自然三个方面。

节约能源是指根据地理条件，设置太阳能采暖、热水、发电及风力发电装置，以充分利用环境提供的天然可再生能源。充分利用太阳能，采用节能的建筑围护结构以及采暖和空调，减少采暖和空调的使用。根据自然通风的原理设置风冷系统，使建筑能够有效地利用夏季的主导风向。建筑采用适应当地气候条件的平面形式及总体布局。

节约资源是指建筑设计、建造和建筑材料的选择中，均考虑资源的合理使用和处置。在设计时要考虑到减少资源的使用，力求使资源可再生利用，节约水资源，包括绿化的节约用水；建造时对地理条件有明确的要求，土壤中不存在有毒、有害物质，地温适宜，地下水纯净，地磁适中；选材时绿色建筑应尽量采用天然材料，例如木材、树皮、竹材、石块、石灰、油漆等，要经过检验处理，确保对人体无害，室内空气清新，温、湿度适当，倡导舒适和健康的生活环境，使居住者感觉良好，身心健康。

回归自然是指建筑外部要强调与周边环境相融合，和谐一致、动静互补，做到保护自然生态环境。

绿色建筑不同于传统建筑，其建设理念跨越了建筑物本体而追求人类生存目标的优化，是一个大系统多目标优化的典型案例。同时，绿色建筑必须采用大量的智能系统来保证建设目标的实现，这一过程需要信息、控制、管理与决策，智能化、信息化是不可缺少的技术手段。住房和城乡建设部仇保兴副部长在《中国的能源战略与绿色建筑前景》一文中提出："以智能化推进绿色建筑，节约能源，降低资源消耗和浪费，减少污染，是建筑智能化发展的方向和目的，也是绿色建筑发展的必由之路。"

1.1.3 低碳经济、低碳城市与绿色建筑

在严峻形势下，人类不得不重新审视自己的社会经济行为和走过的历程，认识到通过高消耗追求经济数量增长和"先污染后治理"的传统模式已不再适应当今和未来的要求。自从人类步入工业社会，科学与技术发生了革命性的发展，机械化与电气化大大提高了生产效率，新技术与新发明层出不穷，改变着人们的生活方式。同时为了改善人类的生活与工作环境，这些先进的技术也不断地被应用于各类建筑环境建设中。随着人类生存条件的改善，世界人口在近50年中高速增长，维持人类的生活水平，需要更多的资源与能源，势必造成对地球环境的大规模破坏。从能源消费量的发展趋势来看，地球现有的矿物能源、资源的枯竭已是时间问题，而可再生能源的增量又是十分有限的，人口的增加与经济的发展则更加剧了能源的危机。同时，人们生活中排放的化学物质对环境的污染更为严重，工业排放的含硫烟气与汽车排放的尾气形成了酸雨，日常生活中使用的塑料造成全球不易降解的"白色污染"。

1987年，世界环境与发展委员会在对世界重大经济、社会、资源和环境进行系统调查和研究的基础上，编制了《我们共同的未来》的报告，提出了可持续发展的定义，并要求寻求一条人口、经济、社会、环境和资源相互协调的，既能满足当代人的需求而又不对

满足后代人需求的能力构成危害的可持续发展的道路。

2009年12月在哥本哈根举行的联合国气候变化大会，将发展低碳经济列为会议的重要内容。低碳经济是以低能耗、低污染、低排放为基础的经济模式，主要是能源高效利用、清洁能源开发、追求绿色GDP等努力，核心是能源和减排技术创新、产业结构和制度创新与人类生存发展观念的转变。

低碳经济是经济发展的碳排放量、生态环境代价及社会经济成本最低的经济，是一种能够改善地球生态系统自我调节能力的可持续性很强的经济。"低碳经济"最早见诸于政府文件是在2003年的英国能源白皮书《我们能源的未来创建低碳经济》。作为第一次工业革命的先驱和资源并不丰富的岛国，英国充分意识到了能源安全和气候变化的威胁，它正从自给自足的能源供应走向主要依靠进口的时代，按目前的消费模式，预计2020年英国80%的能源都必须进口。同时，气候变化的影响已经迫在眉睫。

低碳经济有两个基本点：其一，它是包括生产、交换、分配、消费在内的社会再生产全过程的经济活动低碳化，把二氧化碳（CO_2）排放量尽可能减少到最低限度乃至零排放，获得最大的生态经济效益；其二，它是包括生产、交换、分配、消费在内的社会再生产全过程的能源消费生态化，形成低碳能源或无碳能源的国民经济体系，保证生态经济社会有机整体的清洁发展、绿色发展、可持续发展。

在一定意义上说，发展低碳经济就能够减少二氧化碳排放量，延缓气候变暖，所以就能够保护我们人类共同的家园。

建筑行业特征决定了低碳型绿色建筑将是破解资源瓶颈和应对气候变化的重要抓手。当前大力推行绿色建筑是低碳经济时代抢占全球经济制高点，后金融危机时代促进经济发展、实现建筑行业产业升级的一条优选路径，具有重要战略意义。

低碳城市（Low-carbon City）是以低碳经济为发展模式及方向、民众以低碳生活为理念和行为标准、政府以低碳社会为建设目标的城市。低碳城市已成为世界的共同追求，很多大城市都加大建设发展低碳城市的力度，关注和重视在经济发展过程中的环境代价最小化以及人与自然和谐相处。

1.2 绿色建筑的评价及其标准

1.2.1 绿色建筑体系的构成及特征

1.2.1.1 构成绿色建筑的基本要素

绿色建筑也可称为生态建筑、可持续建筑，我国《绿色建筑评价标准》GB/T 50378-2006将其定义为：在建筑的全寿命周期内，最大限度地节约资源（节能、节地、节水、节材），保护环境和减少污染，为人们提供健康、适用和高效的使用空间，与自然和谐共生的建筑。绿色建筑的基本内涵可归纳为：减轻建筑对环境的负荷，即节约能源及资源；提供安全、健康、舒适性良好的生活空间；与自然环境亲和，做到人、建筑与环境的和谐共处、永续发展。

1.2.1.2 绿色建筑的特征和优势

1）绿色建筑的特征

绿色建筑要有利于保护环境：尽量保护和开发绿地，在建筑物周围种植树木，以改善景观，维持生态平衡，并取得防风、遮荫等效果；同时有意识地节约土地，争取既不受到不良自然环境的危害，又将人类的建筑活动对生物多样性的影响降到最低程度。

绿色建筑要有效地使用水、能源、材料和其他资源，要使建筑对于能源和资源的消耗降至最低程度：建筑物的围护结构、外墙、窗户、门与屋顶，应该采用高效保温隔热构造；减小建筑物的体形系数，以减少采暖和制冷能耗；并考虑充分利用太阳能（如尽量采取可以获取更多太阳热量的建筑物朝向）；良好的自然采光系统；保证建筑物具有良好的气密性，同时夏季又有充分的自然通风条件；回收并重复使用资源。

绿色建筑重视室内空气质量：防止由于油漆、地毯、胶合板、涂料及胶粘剂等含有挥发性气体造成对室内空气的污染；围护结构保温效果好的建筑物，应具备良好的通风系统。

绿色建筑尊重地方文化传统，积极保护建筑物附近有价值的古代文化或建筑遗址。

绿色建筑追求建筑造价与使用运行管理费用经济的整体合理，既不能单纯强调低建造成本，使建筑付出高昂的使用代价，也不应为一个过高的目标付出不切实际的初投资（图 1.2.1）。

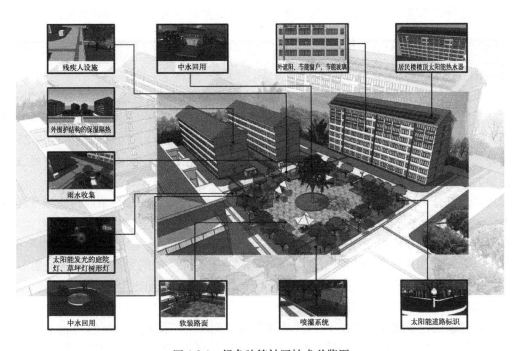

图 1.2.1 绿色建筑社区技术总览图

2) 绿色建筑的优势

一般而言，节能建筑是指按照节能设计标准进行设计和建造，使其在使用过程中降低能耗的建筑。而绿色建筑的范畴更为广泛，它是指为人们提供健康、舒适、安全的居住、工作和活动的空间，同时在建筑安全生命周期（物料生产、建筑规划、设计、施工、运营维护及拆除、回用过程）中实现较高的资源利用率（能源、土地、水资源、材料），最低限度地影响环境的建筑物，绿色建筑因此也被称为生态建筑、可持续建筑。

同一般建筑相比，绿色建筑有以下 4 个优势：

(1) 绿色节能建筑能耗显著降低。据统计，建筑在建造和使用过程中可消耗 50% 的能源，并产生 34% 的环境污染物。绿色建筑则大大减少了能耗，和既有建筑相比，它的耗能可降低70%~80%，在丹麦、瑞士、瑞典等国家，甚至提出了零能耗、零污染、零排放的建筑理念。

（2）绿色节能建筑产生出新的建筑美学。一般的建筑采用的是商品化的生产技术，建造过程的标准化、产业化，造成了大江南北建筑风貌大同小异、千城一面，而绿色建筑强调的是突出本地文化、本地原材料，尊重本地的自然、气候条件，这样在风格上完全是本地化的，并由此产生了新的建筑美学。绿色建筑向大自然的索取最小，这样的建筑，让人在体验新建筑美感的同时，能更好地享受健康舒适的生活。

（3）绿色节能建筑可适四季之景。传统建筑与自然环境完全隔离，封闭的室内环境往往对健康不利，而绿色建筑的内部与外部采取有效连通，对气候变化自动调节。通俗来讲建筑如小鸟的羽毛，可根据季节的变化换羽毛。

（4）节能建筑环保理念贯穿始终。传统建筑多是在建造过程或使用过程中，考虑到环境问题，而绿色建筑强调的是从原材料的开采、加工、运输、使用，直至建筑物的废弃、拆除的全过程，节能、环保理念贯彻始终，强调建筑要对全人类、对地球负责。

1.2.2 绿色建筑的规划设计技术

1.2.2.1 节能和能源高效利用技术

由于我国是一个发展中国家，人口众多，人均能源资源相对匮乏。水资源只有世界人均占有量的1/4，已探明的煤炭储量只占世界储量的11%，原油占2.4%。物耗水平相较发达国家，钢材高出10%~25%，每立方米混凝土多用水泥80kg，污水回用率仅为25%。国民经济要实现可持续发展，推行建筑节能势在必行。在建筑中积极提高能源使用效率，就能够大大缓解国家能源紧缺状况、推行节能减排政策，符合全球发展趋势。

民用建筑分为居住建筑与公共建筑。在居住建筑中，可应用的绿色节能措施相对较少，主要体现在围护结构的节能；空调形式以分体机为主，近些年来某些业主会选择更为美观的多联机，主要通过使用变频技术来实现节能；照明部分则通过使用节能灯替换原有的普通光源，同时在使用过程中加强节能意识，及时关闭无人区域的照明；在热水利用方面，已有一些住宅小区开始试点使用太阳能热水系统，通过太阳能加热生活用水来替代过去燃气或电加热的能源，取得一定的成果。

公共建筑的建筑类型十分多样，并且随着建筑面积的不同建筑能耗特点也不尽相同，一般空调能耗占据整个建筑能耗的40%~60%，照明能耗占20%~30%，插座能耗（即电脑、打印机、电视机等使用插座的用电设备）占20%~30%，其他如电梯、炊事、泛光照明等占10%左右。公共建筑可采取许多措施来达到绿色建筑的目标，如建筑围护结构隔热保温、建筑遮阳、自然通风、照明节能、空调系统节能、可再生能源利用等。

1）围护结构节能

由于"建筑节能设计标准"的颁布，传统材料增加墙体厚度来达到保温的做法已不能适应节能和环保的要求，而复合墙体越来越成为墙体的主流。复合墙体一般用块体材料或钢筋混凝土作为承重结构，与保温隔热材料复合，或在框架结构中用薄壁材料加保温、隔热材料作为墙体。目前建筑用保温、隔热材料主要有膨胀聚苯板、挤塑聚苯板、岩棉、矿渣棉、玻璃棉、膨胀珍珠岩、膨胀蛭石、加气混凝土及胶粉聚苯颗粒浆料等。

屋顶的保温措施也不容忽视，当建筑高度较低时，屋顶的保温对建筑节能的影响将会占主导。在寒冷的地区屋顶设保温层，以阻止室内热量散失；在炎热的地区屋顶设置隔热降温层，以阻止太阳的辐射热传至室内；而在夏热冬冷地区（黄河至长江流域），建筑节能则要冬、夏兼顾。保温常用的技术措施是在屋顶材料中设置保温材料，如挤塑聚苯板、膨胀珍珠岩、玻璃棉等。屋顶隔热降温的方法有：架空通风、屋顶蓄水或定时喷水、屋顶绿化等，目前对太阳能的利用主要集中于屋顶，如屋顶铺设光热光伏板在很大程度上也能起到隔热的作用（图1.2.2-1、图1.2.2-2）。

图 1.2.2-1 屋顶绿化

图 1.2.2-2 屋顶光伏电板

门窗具有采光、通风和围护的作用，还在建筑艺术处理上起着很重要的作用。然而门窗又是最容易造成能量损失的部位。为了增大采光通风面积或表现现代建筑的性格特征，建筑物的门窗面积越来越大，更有全玻璃的幕墙建筑。这就对外围护结构的节能提出了更高的要求。目前，对门窗的节能处理主要是改善材料的保温隔热性能和提高门窗的密闭性能。从门窗材料来看，近些年出现了铝合金断热型材、铝木复合型材、钢塑整体挤出型材、塑木复合型材以及 UPVC 塑料型材等一些技术含量较高的节能产品；从玻璃形式来看，有双层中空玻璃、三层中空玻璃、高反射 LOW-E 玻璃等；不同的窗框与玻璃材料组合可有许多节能门窗形式，最小的传热系数可达到 1.5W/（m²·K）左右（图1.2.2-3、图1.2.2-4）。

图 1.2.2-3 双层中空玻璃

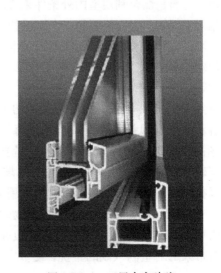
图 1.2.2-4 三层中空玻璃

2) 建筑遮阳

建筑遮阳技术是一项投入少、节能效果明显，有利于提高居住和办公舒适性的建筑节能技术。目前这项技术越来越被人们所重视和接受，绿色建筑也更倾向于使用该技术，对于夏季炎热的地区来说，遮阳带来的节能效果十分显著。

在我国，现代建筑大量采用了玻璃幕墙结构和大面积外窗，尽管在门窗的应用中采用了一定的节能措施，但由于没有实施遮阳技术，尤其是没有安装外遮阳的设备，这类建筑同样面临太阳光辐射产生的温室效应，需大量使用空调降温，造成巨大的能源浪费。在这种情况下，推广和使用建筑遮阳技术，夏季能有效阻隔太阳光辐射，冬季则可根据需要调整太阳光，除有明显节能效果外，还能改善室内光线柔和度，避免眩光(图1.2.2-5、图1.2.2-6)。

图 1.2.2-5　建筑外遮阳系统　　　　图 1.2.2-6　建筑内遮阳系统

3) 自然通风

自然通风是一种节能、可改善室内热舒适性和提高室内空气品质的绿色技术措施，是人类历史上长期赖以调节室内环境的原始手段。自然通风在实现原理上有利用风压、利用热压、风压与热压相结合等几种形式。现代人类对自然通风的利用已经不同于以前开窗、开门通风，而是综合利用室内外条件来实现。如根据建筑周围环境、建筑布局、建筑构造、太阳辐射、气候、室内热源等，来组织和诱导自然通风。同时，在建筑构造上，通过中庭、双层幕墙、门窗、屋顶等构件的优化设计，来实现良好的自然通风效果。这需要专业的气流模拟软件来模拟计算建筑周围的风场，帮助业主判断最佳的建筑形体、建筑朝向以及开窗方式等。

自然通风效果与建筑构件有着密切关系，在建筑结构设计时应考虑充分利用自然通风。各种自然通风技术中，双层玻璃幕墙是一种较为先进的技术，对于开窗受限制的高层和超高层建筑来说，该技术是一种量身定做的节能措施。双层玻璃幕墙的双层玻璃之间留有较大的空间，常被称为"呼吸幕墙"。在冬季，双层玻璃层间形成阳光温室，提高建筑围护结构表面温度；在夏季，可利用烟囱效应在层间内通风。玻璃幕墙层间内气流和温度分布受双层墙及建筑的几何、热物理、光和空气动力特性等因素的影响。气流模拟结果表明，该结构可大大减少建筑冷负荷，提高自然通风效率。双层玻璃幕墙具有能避免开窗带来的对室内气候的干扰，使室内免受室外交通噪声的干扰，夜间可安全通风（图1.2.2-7)。

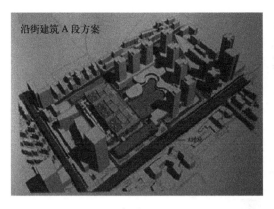 

图 1.2.2-7　某沿街建筑的三维效果图及自然通风模拟效果图

4）自然采光

现代科学研究发现，人们并不喜欢长时间恒久不变的照度，因为人类已经适应了随着时间、季节等周期性变化的天然光环境。天然光不但具有比人工光更高的视觉效果，而且能够提供更为健康的光环境。长期不见日光或者长期工作生活在人工光环境下的人，容易发生季节性的情绪紊乱、慢性疲劳等疾病。

而且，作为大自然赠与人类的一笔财富，天然光用之不尽、取之不竭，相比其他能源具有清洁安全的特点。充分利用天然光可以节省建筑的大量照明用电。建筑物如何充分利用太阳光，节省照明用电，间接减少自然资源的损耗及有害气体的排放，引起国际建筑和照明界的高度重视。从另一个方面来说，如果提供相同的照度，自然光带来的热量比绝大多数人工光源的发热量都少（图 1.2.2-8、图 1.2.2-9）。

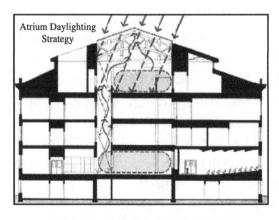 

图 1.2.2-8　建筑天窗自然采光示意图　　图 1.2.2-9　培训教室的自然采光图

5）太阳能光伏系统

目前，太阳能光伏系统作为一项技术与产业的复合体，其生产量每年以 30%～40% 的速度递增。

由于建筑用地的紧张，往往将建筑本体与光伏器件相结合，形成光伏一体化建筑。光伏阵列一般安装在闲置的屋顶或外墙上，无需额外占用土地，这对于土地昂贵的城市建筑尤其重要。夏天是用电高峰的季节，也正好是日照量最大、光伏系统发电量最多时期，对电网可以起到调峰作用。同时，光伏阵列吸收太阳能转化为电能，大大降低了室外综合温度，减少了墙体得热和室内空调冷负荷，也起到了建筑节能的作用（图1.2.2-10）。

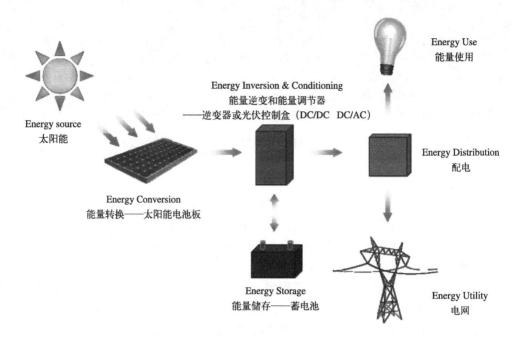

图1.2.2-10　太阳能光伏系统工作示意图

6）空调系统

地源热泵系统是利用浅层地能进行供热制冷的绿色能源利用技术，是热泵的一种。它主要利用了地下土壤巨大的蓄热蓄冷能力及其温度终年保持恒定的特点，冬季期间把热量从地下土壤中转移到建筑物内，夏季期间再把地下土壤中的冷量转移到建筑物内，一个年度形成一个冷热循环。由于地下土壤和水体的温度在夏季比环境温度低，冬季却比环境温度高，因此其制冷系统的冷凝温度更低，使得冷却效果好于风冷式和冷却塔式，机组效率也大大提高，可以节约30%～40%的制冷和采暖运行费用，1kW的电能输入可以产生4～5kW以上的热量和冷量。与锅炉（电、燃料）供热系统相比，锅炉供热只能将90%以上的电能或70%～90%的燃料内能转化为热量，供用户使用。因此地源热泵要比电锅炉加热节省三分之二以上的电能，比燃料锅炉节省约二分之一的能量。

传统空调系统一般将人工冷源——制冷机组产生的7～12℃冷水，通入空气处理机组中，进而产生低温干燥的新风送入房间来统一调控房间的温、湿度。在这种方式下，本来可用高温冷水（16～18℃）处理的50%以上的显热负荷也须用低温冷水带走，制冷机组COP（能效比）低，耗电量大。同时由于在冷凝除湿方式下，送风接近饱和线，使得空气处理的热湿比变化范围很小，无法适应室内任意变化的热湿比情况。温度过低的送风还会造成不舒适，有时还必须再加热，造成冷热抵消——能量的浪费。温、湿度独立控制系统的产生与发展能做到将干燥的新风送入房间来控制房间的湿度，而由高温冷源产生16～18℃冷水送入室内的风机盘管、辐射板等空调末端，带走房间的显热，控制房间温度，从而实现房间温、湿度的独立、灵活调节，营造节能、健康、舒适的室内环境。温、湿度独立控制的空调系统革新了传统空调的环境控制理念，并使得我们有可能利用自然界的低品位能源（比如地下水，冷却水，室外干空气等）来实现房间的空调，从而从冷源的选择到末端的设计以及控制方案，发展出一系列适用于不同地域，不同气候特点的新型空调方式（图1.2.2-11）。

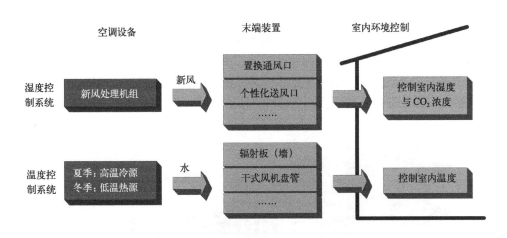

图1.2.2-11　温湿度独立控制系统示意图

冰、水蓄冷空调系统也是一种重要的节能手段，其工作原理为在夜间建筑停止使用空调的状态下通过机组进行制冷、蓄冷过程，白天通过融冰进行供冷，以达到空气调节的效果。该系统实现了电力"削峰填谷"，转移电力高峰负荷，平衡电力供应的目的。提高了电厂侧发电效率，从而提高能源的利用效率；降低总电力负荷，缓解建设新电厂（机组）的压力。同时，由于各地均实行六时段分时电价，夜间机组制冷、蓄冷时为电力谷价，电费仅为电力高峰时期的1/3，降低了用户空调系统的运行费用（图1.2.2-12、图1.2.2-13）。

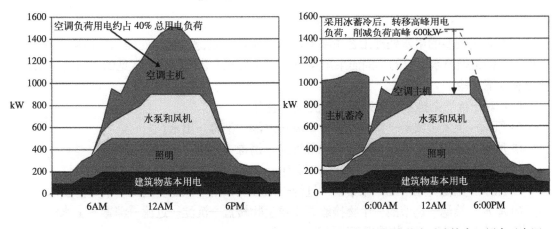

图1.2.2-12　建筑全日用电示意图　　图1.2.2-13　采用冰蓄冷后建筑全日用电示意图

1.2.2.2 节水技术和污水资源化

1）中水的收集利用

我国水资源匮乏的形势日益严峻，开辟非传统水源，改善水环境成为社会各界广泛关注的热点。中水来源于建筑物的生活排水，包括人们日常生活中排出的生活污水和生活废水。生活废水包括冷却排水、沐浴排水、盥洗排水、洗衣排水及厨房排水等杂排水。中水指的是各种排水经过处理后，达到规定的水质标准，可在生活、市政、环境等范围内杂用的非饮用水。

对于排水设施完善地区的建筑中水回用系统，中水水源取自本系统内杂用水和优质杂排水。该排水经集流处理后供建筑内冲洗便器、清洗车、绿化等。其处理设施根据条件可设于本建筑内部或临近外部。而对于排水设施不完善地区的建筑中水回用系统，其水处理设施无法达到二级处理标准，但通过中水回用可以减轻污水对当地河流再污染（图 1.2.2-14）。

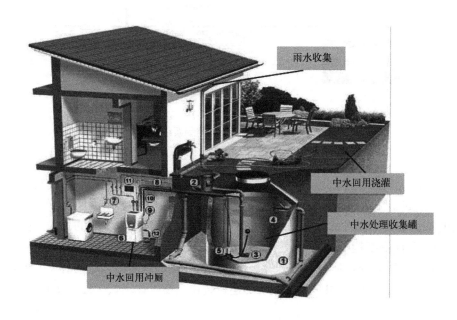

图 1.2.2-14　民用建筑中水回用示意图

目前应用较多的中水处理工艺主要有混凝、沉淀、过滤、生物处理和活性炭吸附等。处理工艺需根据原水水质的不同而采用某一工艺或某些工艺的组合，常见的中水处理工艺流程有以下这些：

（1）对于优质杂排水，其处理工艺流程一般有：

① 原水—毛发聚集器—调节池—微絮凝—过滤—消毒—出水；

② 原水—毛发聚集器—调节池—混凝沉淀—消毒—出水。

（2）对于杂排水，其处理工艺流程一般有：

① 原水—筛滤—调节池—微絮凝—过滤—活性炭吸附—微滤—过滤—消毒—出水；

② 原水—筛滤—调节池—生物接触氧化或生物转盘—沉淀—过滤—消毒—出水。

（3）对于生活污水，其处理工艺流程一般有：

① 原水—筛滤—调节池—水解酸化—生物接触氧化—沉淀—过滤—消毒—出水；

② 原水—筛滤—调节池—生物接触氧化—沉淀—生物接触氧化—过滤—消毒—出水。

2) 空调冷凝水回收利用

冷凝水比自来水更纯净，可以用于工业生产、冷却塔和喷泉补充用水，甚至绿地浇洒等。由于冷凝水中矿物质低，因此非常适合作为冷却塔的补充水。在小区合适位置设置蓄水箱，将冷凝水收集用于绿化可大大节省自来水。应当注意问题：冷凝水在空调机组的表冷器上形成和流动过程中会携带细菌和污染物。如果冷凝水直接用于冷却塔的补水，可以不进行消毒处理，但如要储存，必须采取消毒措施。一般来说，储存的冷凝水比地下水、地表水更具有腐蚀性，所以相关的容器管道应当考虑使用抗腐蚀的材料。

1.2.2.3 节材和绿色建材使用

建筑从建造到使用过程中除了消耗大量的能源外，材料也是重要的部分。发展绿色建筑，应加强建筑材料的循环再用，减少资源消耗，推广可循环利用的新型建筑体系，推广应用高性能、低耗能的建筑材料，节约水泥、钢材、砂石等，做到因地制宜地选择建筑材料。

一般的，应遵循以下原则：

1) 科学合理规划，尊重规划。对于未达到使用年限且具有使用价值的建筑物，应该尽可能维修或改造后加以利用。在加强管理，禁止违章建筑建造的同时，要防止随意拆房子。

2) 提高建筑物建筑功能的适应性，使建筑物在结束原设计用途之后稍加改造可用于其他用途，以使物尽其用。建筑物的高度、体量、结构形态要适宜，尽量避免结构形态过高、怪异而增加材料的用量。

3) 提高散装水泥、商品混凝土和商品砂浆的使用率。使用散装水泥可节约包装用纸，减少水泥浪费，还可减轻工人的劳动强度及改善工人的劳动环境。使用商品混凝土和商品砂浆可以减少水泥、砂石现场散堆放、倒放等造成的损失，同时减少悬浮物污染环境。

4) 尽可能采用一次性装修方式，减少耗材、耗能和环境污染，降低人工损耗，节约材料。建筑的二次装修既浪费了第一次装修所用的材料和人工，又制造了大量的建筑垃圾，还会给房屋安全带来隐患，引起邻里纠纷。

5) 采用耐久性好的建筑材料延长建筑物的使用寿命，减少维修次数，以免频繁维修或过早拆除造成的浪费。

6) 采用有利于提高材料循环利用效率的结构体系，如钢结构、轻钢结构体系等。尽量采用可再生原料生产的建筑材料或可循环再利用的建筑材料（图1.2.2-15）。

图 1.2.2-15 卵石蓄热墙、陶土地板和竹木外墙（绿色建材）

1.2.2.4 优化室内环境控制

绿色建筑对室内环境的评判要求相当严格。一般而言，室内温度、湿度和气流速度对人体热舒适感的影响最为显著，也最容易被人体所感知。舒适的室内环境有助于人的身心健康，进而提高学习、工作效率；而当人处于过冷、过热环境中，则会引起疾病，影响健康乃至危及生命。因此，绿色建筑要求采用中央空调系统的室内温度、湿度、风速等参数均应满足设计要求，同时室内新风量符合标准要求，且新风采气口的设置能保证所吸入的空气为室外新鲜空气。除此之外，室内空气中的污染物浓度、室内采光和照明、建筑外窗的隔声性能也均要达到国家相关标准。

1.2.3 国（境）外成功的绿色建筑评估体系

1.2.3.1 英国建筑研究所环境评价方法（BREEAM）

1990 年由英国建筑研究所（Building Research Establishment，BRE）提出的《建筑环境评价方法》(Building Research Establishment Environmental Assessment Method，BREEAM）是世界上第一个绿色建筑综合评估系统，也是国际上第一套实际应用于市场和管理的绿色建筑评价办法。其目的是为绿色建筑实践提供指导，以期减少建筑对全球和地区环境的负面影响。针对英国的市场需求和绿色建筑发展状况，BREEAM 的评估对象从开始的办公建筑逐渐扩展到其他各类型建筑。从 1990 年至今，BREEAM 已经发行了《2/91 版新建超市及超级商场》、《5/93 版新建工业建筑和非食品零售店》、《环境标准 3/95 版新建住宅》、《BREEAM 98 新建和现有办公建筑》、《4/2000 版生态住家》（Ecohome）等多个版本。为了易于被理解和接受，BREEAM 最初采用了一个相当透明、开放和比较简单的评估架构，主要为一些评估条款，覆盖了管理、能源、健康舒适、污染、运输、土地使用、选址的生态价值、材料、水资源消耗和使用效率这九个方面，分别归类于"全球环境影响"、"当地环境影响"及"室内环境影响"三个环境表现类别。被评估的建筑如果满足或达到某一评估标准的要求，就会获得一定的分数，所有分数累加得到最后的分数，BREEAM 根据建筑得到的最后分数给予"通过、好、很好、优秀"四个级别的评定。最后则由 BRE 给予被评估建筑正式的"等级认证"（Certification）。如果想获得更好的评分，BRE 建议在项目设计之初，设计人员应较早地考虑 BREEAM 的评估条款，客户可在最终评估报告及评定之前进行改进，以获得更高的评级。BREEAM 这种评估程序充分体现了其辅助设计与辅助决策的功能。目前，BREEAM 已对英国的新建办公建筑市场中 25% ~ 30% 的建筑进行了评估，成为各国类似评估手册中的成功范例。

受 BREEAM 的启发，不同的国家和研究机构相继推出了各种不同类型的建筑评估系统，不少参考或直接以 BREEAM 作为范本，如我国香港特别行政区的《建筑环境评估法》HK-BEAM、加拿大的 BEPAC、挪威的 Eko Profile 等（图 1.2.3-1）。

1.2.3.2 美国能源与环境设计先导（LEED）

美国绿色建筑委员会（USGBC）编写的《能源与环境设计先导》(Leadership in Energy and Environmental Design，LEED）问世于 1995 年。LEED 评级体系制订的目的是推广整体建筑一体设计流程，用可以识别的全国性"认证"来改变市场走向，促进绿色竞争和绿色供求。这项导则包括场地规划、能源与大气、节水、材料与资源、室内环境质量和创新及设计程序 6 大方面都有加分，其每一个方面又包括了 2 ~ 8 个子条款，每一

1.2 绿色建筑的评价及其标准

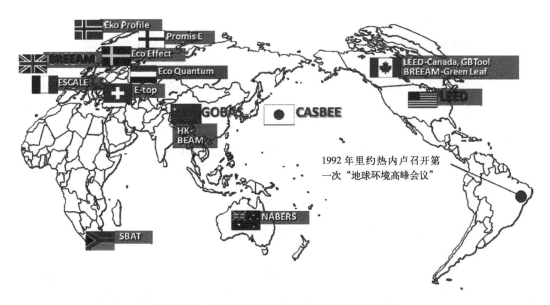

图 1.2.3-1　世界各国和地区绿色建筑的评价标准

个子条款又包括了若干细则，共 41 个指标，总分 69 分。每个方面都有若干基本前提条件，若不满足则不予参评整个系统。LEED 的评分原则为：(1) 满足前提条件，方可参评；(2) 选择条款，计算得分；(3) 累加得到总分。LEED 围绕设计方案组织并提供推荐措施，同时参评者自选条款，自备文件，透明性强，大大方便了资料的收集。美国绿色建筑委员会的 LEED 认证具有一定的权威性，除评估系统文本外，LEED 还提供了一套内容十分丰富全面的使用指导手册。其中不仅解释了每一个子项的评价意图、思路及相关的环境、经济和社区因素、评价指标来源等，还对相关设计方法和技术提出建议与分，并提供了参考文献目录（包括网址和文字资料）和实例分析。LEED 已在美国和其他国家得到了广泛的应用，在中国，有多幢建筑已申请获得 LEED 的认证（图 1.2.3-2）。

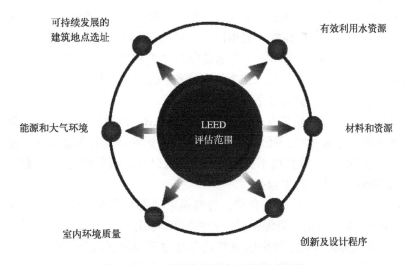

图 1.2.3-2　美国 LEED 认证评估范围图

1.2.3.3 加拿大绿色建筑挑战 2000（GBC 2000）

绿色建筑挑战（Green Building Challenge）是由加拿大自然资源部发起并领导。它的评估范围包括新建和改造建筑。评估手册共有 4 卷，包括总论、办公建筑、学校建筑、集合住宅。评估目的是对建筑在设计及完工后的环境性能予以评价。评价的标准共分 8 个部分：第一部分，环境的可持续发展指标，这是基准的性能量度标准，用于 GBC 2000 不同国家的被研究建筑间的比较；第二部分，资源消耗，建筑的自然资源消耗问题；第三部分，环境负荷，建筑在建造、运行和拆除时的排放物，对自然环境造成的压力，以及对周围环境的潜在影响；第四部分，室内空气质量，影响建筑使用者健康和舒适度的问题；第五部分，可维护性，研究提高建筑的适应性、机动性、可操作性和可维护性能；第六部分，经济性，所研究建筑在全寿命期间的成本额；第七部分，运行管理，建筑项目管理与运行的实践，以期确保建筑运行时可以发挥其最大性能；第八部分，术语表，各部分下部有自己的分项和更为具体的标准。

GBC 2000 采用定性和定量的评价依据相结合的方法，其评价操作系统称为 GBTool，是一套可以被调整适合不同国家、地区和建筑类型特征的软件系统。GBTool 也采用了评分制。

1.2.3.4 日本建筑物综合环境性能评价方法（CASBEE）

2001 年，日本"建筑物综合环境评价委员会"实施了关于建筑物综合环境评价方法开发的研究调查工作，形成一套与国际接轨的标准和评价方法。该建筑综合环境评价方法称为 CASBEE（Comprehensive Assessment System for Building Environment Efficiency）。

1）CASBEE 的评价对象

CASBEE 针对别墅住宅以外的各种建筑物，按用途分为办公建筑、商场、餐饮店、宾馆、学校、医院；集合住宅。

2）CASBEE 的评价内容

CASBEE 标准需要评价"Q：建筑物的环境质量性能"与"LR：建筑物的环境负荷降低性"。其中"建筑物的环境质量性能"（Q）的范围是以"建筑用户的生活舒适性与方便性"为中心进行考虑的，其中包括：

① Q-1 室内环境：评价声环境、热环境、视觉环境、空气质量各方面的性能。

② Q-2 服务性能：评价功能性、耐用性、应对性/更新性方面的性能。

③ Q-3 室外环境（建筑用地内）：在建筑以及建筑用地内部规划方面，从提高室外环境及其周边环境的质量与性能的观点出发进行评价，包括生物环境、街道排列与景观造型、考虑区域社会与区域文化、提高舒适性等方面。

CASBEE 标准中"建筑物的环境负荷降低性"（LR）以建筑物全生命周期为对象，考虑了能源、水资源、建筑材料消耗及其对地球环境的影响，同时考虑了从"建筑用地边界内"到"建筑用地边界外"的直接不良影响（公害)，以及区域基础结构负荷增大的影响等，因而是大范围的环境负荷。其中包括：

① LR-1 能源：包括建筑物的热负荷、自然能源利用、设备系统的高效率运行。

② LR-2 资源材料：包括水资源保护、材料循环利用。

③ LR-3 建筑用地外环境：评价因建筑物以及建筑用地区域所产生的环境负荷（大气污染、噪声、恶臭、风害、光害）对周边环境的影响程度。

LEED（美）	一般、铜牌、银牌、金牌、铂金
BREEAM（英）	通过、好、很好、优秀
NABERS（澳）	0～5星级
CASBEE（日）	根据环境性能效率指标BEE，给予评价，表现为QL二维图
HK-BEAM（中国香港）	满意、好、很好、优秀
ESCALE（法）	标准工程、优秀工程、较差工程
ESFGB（中国内地）	★、★★、★★★

图1.2.3-3 各国绿色建筑的评价指标

3）评价结果

CASBEE中从建筑的"环境效率"指标BEE出发进行评价：

环境效率BEE＝（建筑物的服务价值Q）/（建筑物带来的环境负荷LR）。

各国绿色建筑的评价指标见图1.2.3-3。

1.2.4 中国绿色建筑三星级评估体系

我国政府从基本国情出发，从人与自然和谐发展、节约能源、有效利用资源和保护环境的角度，提出发展"节能省地型住宅和公共建筑"，主要内容是节能、节地、节水、节材与环境保护，注重以人为本，强调可持续发展。从这个意义上讲，节能省地型住宅和公共建筑与绿色建筑、可持续建筑提法不同、内涵相通，具有某种一致性，是具有中国特色的绿色建筑和可持续建筑理念。

我国资源总量和人均资源量都严重不足，同时我国的消费增长速度惊人，在资源再生利用率上也远低于发达国家。我国各地区在气候、地理环境、自然资源、经济社会发展水平与民俗文化等方面都存在巨大差异。我国正处在工业化、城镇化加速发展时期。我国现有建筑总面积400多亿平方米，预计到2020年还将新增建筑面积约300亿平方米。在我国发展绿色建筑，是一项意义重大而十分迫切的任务。借鉴国际先进经验，建立一套适合我国国情的绿色建筑评价体系，反映建筑领域可持续发展理念，对积极引导大力发展绿色建筑，促进节能省地型住宅和公共建筑的发展，具有十分重要的意义。

在《国务院关于做好建设节约型社会近期重点工作的通知》（国发[2005]21号）及《建设部关于建设领域资源节约今明两年重点工作的安排意见》（建科[2005]98号）中均提出了完善资源节约标准的要求，并提出了编制《绿色建筑评价标准》等标准的具体要求。

根据原建设部建标标函[2005]63号的要求，由中国建筑科学研究院、上海市建筑科学研究院会同中国城市规划研究院、清华大学、中国建筑工程总公司、中国建筑材料科学研究院、国家给水排水技术中心、深圳市建筑科学研究院、城市建设研究院等单位共同编制《绿色建筑评价标准》（以下简称《标准》）。

编制借鉴国际先进经验，结合我国国情，重点突出"四节"与环保要求，体现过程控制，努力做到定量和定性相结合，系统性与灵活性相结合。借鉴国外同类标准，进行了专题分析研究，召开了专家研讨会，开展了《标准》试评工作，经反复讨论、修改，形成了《绿色建筑评价标准》，并于 2006 年 3 月 7 日由原建设部与国家质量监督检疫局联合发布。

《标准》用于评价住宅建筑和办公建筑、商场、宾馆等公共建筑。《标准》的评价指标体系包括以下六大指标：

（1）节地与室外环境；（2）节能与能源利用；（3）节水与水资源利用；（4）节材与材料资源利用；（5）室内环境质量；（6）运营管理。

各大指标中的具体指标分为控制项、一般项和优选项三类。其中，控制项为评为绿色建筑的必备条款；优选项主要指实现难度较大、指标要求较高的项目。对同一对象，可根据需要和可能分别提出对应于控制项、一般项和优选项的指标要求。

绿色建筑的必备条件为全部满足《标准》第四章住宅建筑或第五章公共建筑中控制项要求。按满足一般项和优选项的程度，绿色建筑划分为三个等级。

绿色建筑的评价，分为设计阶段评价与运行阶段评价。运行阶段评价，在建筑物投入使用一年后进行。

在国家标准《绿色建筑评价标准》GB/T 50378-2006 中就绿色建筑给出了明确的定义：它是指在建筑的全寿命周期内，最大限度地节约资源（节能、节地、节水、节材）、保护环境和减少污染，为人们提供健康、适用和高效的使用空间，与自然和谐共生的建筑。从概念上来讲，绿色建筑主要包含了三点：一是节能，这个节能是广义上的，包含了上面所提到的节能、节地、节水、节材，主要是强调减少各种资源的浪费；二是保护环境，强调的是减少环境污染，减少二氧化碳排放；三是满足人们使用上的要求，为人们提供"健康"、"适用"和"高效"的使用空间。只有做到了以上三点，才可称之为绿色建筑。

中国绿色建筑三星级评估体系由节地与室外环境、节能与能源利用、节水与水资源利用、节材与材料资源利用、室内环境质量和运营管理六类指标组成。每类指标包括控制项、一般项和优先项，控制项为评判绿色建筑的必备条件。一般项和优先项为划分绿色建筑的可选条件；优选项是难度大、综合性强、绿色度较高的可选项。评价标识共分一星级、二星级和三星级三个等级。其中，三星级建筑为最高等级的绿色建筑。同一星级的建筑，加以分数进行区别，并体现在标志和证书中。图 1.2.4-1、图 1.2.4-2 所示为评估体系中的各类指标：

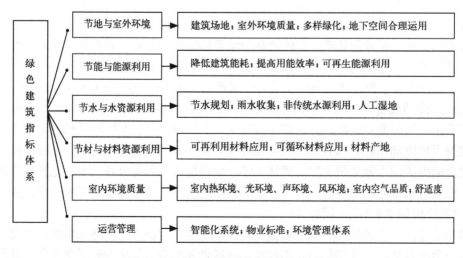

图 1.2.4-1　中国绿色建筑三星级评估体系

1.2 绿色建筑的评价及其标准

<table>
<tr><th rowspan="2">绿色建筑等级项数要求（住宅建筑）</th><th rowspan="2">等级</th><th colspan="6">一般项数（共40项）</th><th rowspan="2">优选项数（共9项）</th></tr>
<tr><th>节地与室外环境（共8项）</th><th>节能与能源利用（共6项）</th><th>节水与水资源利用（共6项）</th><th>节材与材料资源利用（共7项）</th><th>室内环境质量（共6项）</th><th>运营管理（共7项）</th></tr>
<tr><td>★</td><td>4</td><td>2</td><td>3</td><td>3</td><td>2</td><td>4</td><td>—</td></tr>
<tr><td>★★</td><td>5</td><td>3</td><td>4</td><td>4</td><td>3</td><td>5</td><td>3</td></tr>
<tr><td>★★★</td><td>6</td><td>4</td><td>5</td><td>5</td><td>4</td><td>6</td><td>5</td></tr>
</table>

<table>
<tr><th rowspan="2">绿色建筑等级项数要求（公共建筑）</th><th rowspan="2">等级</th><th colspan="6">一般项数（共43项）</th><th rowspan="2">优选项数（共14项）</th></tr>
<tr><th>节地与室外环境（共6项）</th><th>节能与能源利用（共10项）</th><th>节水与水资源利用（共6项）</th><th>节材与材料资源利用（共8项）</th><th>室内环境质量（共6项）</th><th>运营管理（共7项）</th></tr>
<tr><td>★</td><td>3</td><td>4</td><td>3</td><td>5</td><td>3</td><td>4</td><td>—</td></tr>
<tr><td>★★</td><td>4</td><td>6</td><td>4</td><td>6</td><td>4</td><td>5</td><td>6</td></tr>
<tr><td>★★★</td><td>5</td><td>8</td><td>5</td><td>7</td><td>5</td><td>6</td><td>10</td></tr>
</table>

图 1.2.4-2 中国绿色建筑三星级评分标准

第2章 绿色建筑智能化价值分析与评价

绿色建筑建设目标的实现与否是需要通过运营管理来体现的。绿色建筑的运营管理则是坚持"以人为本"和可持续发展的理念，从建筑全寿命周期出发，通过应用适用技术、信息化与智能化技术，在传统物业服务的基础上进行效率与价值的提升，实现节能、节地、节水、节材与保护环境的目标。

2.1 智能化系统是支撑绿色建筑的重要基础

2.1.1 绿色建筑的运行需求

绿色建筑的运营管理体现在物业管理的日常工作。一般建筑通常在工程竣工后，才开始考虑运营管理，而绿色建筑的运营管理策略与目标需要在规划设计阶段就应确定，在运营过程中不断改进。

我国政府颁布的《物业管理条例》、《国务院关于修改〈物业管理条例〉的决定》、《物业管理师制度暂行规定》、《物业服务收费管理办法》、《物业管理企业资质管理办法》、《物业管理师资格认定考试办法》等法规，正在逐步规范物业管理行业及其从业人员的行为。物业管理经营人受物业所有人的委托，按照国家法律和管理标准及委托合同行使管理权，运用现代科学和先进的维修养护技术，以经济手段管理物业，从事对物业及其周围环境的养护、修缮、经营，并为使用人提供多方面的服务，使物业发挥最大的使用价值和经济效益。

建筑的运营管理是指建筑物使用期的物业管理服务。物业服务的常规内容有给排水、燃气、电力、通信、保安、绿化、保洁、停车、消防、电梯以及其他共用设施设备的日常维护等。

绿色建筑的运营管理与传统物业管理相比有以下特点：

1）应用建筑物全寿命周期成本分析方法，制定绿色建筑运营管理策略与目标，最大限度地节约资源（节能、节地、节水、节材）、保护环境和减少污染。

2）坚持"以人为本"，为建筑物的使用者提供健康、适宜和高效的生活与工作环境。

3）采用适用技术、信息化与智能化技术，实施高效运营管理。

建筑物的运营管理通过物业管理公司来实施，需处理好使用者、建筑和自然三者之间的关系，既要为使用者创造一个安全、舒适的空间环境，同时又要保护周围的自然环境，做好节能、节水、节材与绿化等工作，实现绿色建筑的建设目标，体现管理规范、服务优质高效。

目前绿色建筑的运营管理工作已引起人们的重视，正在克服绿色建筑的建设方、设计方、施工方和物业服务方在工作上存在脱节的现象。建设方在建设阶段应较多地考虑今后运营管理的总体要求与实施细节；物业服务企业应在工程前期介入，以保证工程竣工资料的完整性。目前部分物业企业绿色运营的服务观念尚未建立，不少物业从业人员没有受过专业培训，对掌握绿色建筑的运营管理，特别是智能化技术有困难。因此，在绿色建筑的运营管理领域还有大量的工作需要推进。

2.1.2 智能化系统在绿色建筑中的价值

近年来，绿色建筑因符合中国政府可持续发展的国策与世界节能环保主流，得到了快速发展，无论是工程界还是房地产业都已经把绿色建筑的建设作为主要的工作内容。但是作为高新技术集成的产物，绿色建筑在中国处于初级阶段，就如 20 年前的智能建筑，人们在以高涨的热情、前卫的理念去构造心中的理想物时，往往缺失了科学严谨。

1. 绿色建筑工程实践中的问题

在工程实践中，由于各种功利的影响，我们的行为往往在有意无意中出现了以下情况。

1) 重形式与理念，轻实效与长效

有不少绿色建筑本质上是实验性项目，建设时虽然强化了绿色理念，把各种绿色建材、绿色建筑设计方法、节能技术、节能设备等全部堆积组合在一幢孤立的建筑物中，并且以此获取各类绿色建筑示范工程的称号，但是却没有完整的测试数据与运行数据，不能提供建设与运行的成本资料。不少绿色建筑工程，有的为示范工程，有的谓之零能耗建筑，都只是在设计的理想值上作介绍，而太阳能光伏发电系统提供的能量、太阳能制冷系统的出力、地源热泵的供能热量、建筑物内的舒适度等，或为数据不全，或是根本未加以考虑。

2) 缺乏生命周期成本的分析

现代社会中任何人工设施都必须进行生命周期的成本分析，根据其建设的投资与其生命期内维持功能的费用得到生命周期的成本，然后由该设施的收益进行投入产出的效益分析。

绿色建筑中使用节能环保设备及可再生能源设施的建设成本是巨大的，有些设备的寿命远低于建筑物的寿命，而且运行维护的费用不菲。然而这些投入之后，是否获得了预期的收益？有许多说不清楚的问题，如：

(1) 设施投运后究竟节能多少？

(2) 设施节能／产能的成本究竟是多少？

(3) 设施运行的环境代价是什么？

例如：光伏发电系统，按一些专家所说，在其生命周期内所生产的电能小于其制造的能耗，那么在电网发达区域大规模地建设光伏电站的必要性就值得重新审视。

2. 绿色建筑运营管理的监测

绿色建筑运营管理的监测是为了保障其建设目标在运行中的实现，并通过实时运行的数据分析建筑物的节能与环境保护的效能及缺陷。需要指出这一监测并非是对绿色建材与节能设施的性能测试，而是从工程整体验证绿色建筑的实际效益。

1) 监测内容

绿色建筑运行数据的监测大致分为 3 类。

(1) 环境监测。室内外的温度、湿度、CO_2、照度，户外风速与室内自然通风的空气流速、排放水的水质参数等。

(2) 能源监测。建筑物的能源参数如电压、电流、电度（分项计量值）及其累计量、燃气耗量及其累计量、燃油耗量及其累计量、供水量及其累计量、区域提供的冷／热量及其累计量、可再生能源提供的电量及其累计量或冷／热量及其累计量等。

(3) 设施监测。墙体内外侧的温度，太阳能光伏发电系统的蓄电池电压与逆变器状态参数，地／水源热泵机组的工作井与检测井的水温、水位及水质，地源热泵机组土壤热交换器的压力损失，地/水源热泵机组的进水温度与流量，循环水的得热量与释热量等。

2）监测技术

（1）监测参数。从绿色建筑的监测内容来看，监测参数并不复杂，主要是温度、湿度、照度、压力、流量、流速、电压、电流、电度、CO_2、水质等。其中的冷量、热量则通常由温度、流量通过计算间接测量而得。虽然这些参数并不复杂，而且测量的范围远比工业、航空、航天要小得多，精度要求也不是很高，但是由于检测场所的多样性，对检测器的要求则有很大的差异。以温度检测器为例，有室内温度、送风温度、室外温度、冷冻水温度、墙体温度、水井温度、锅炉燃气温度等的测试，就需要选择不同类型、不同防护形式，不同传感器的温度检测器，甚至不同的测量原理。

（2）监测系统。绿色建筑的监测内容可属不同的专业测量系统，不仅要稳定、可靠、准确地获取建筑内外的环境与设施运行数据，而且需要进行监测数据的初步处理。例如：建筑热耗测定中常用的热流计，用来测量建筑物围护结构或各种保温材料的传热量及物理性能参数；现场传热系数检测仪可不受季节限制实现现场围护结构传热系数检测。又如红外热像仪将红外辐射能转换成电信号，经放大处理、转换成视频信号通过监测器显示红外热像图，这种非接触式的测量不会破坏被测温度场，除具有红外测温仪的优点（如非接触、快速、能对运动目标和微小目标测温等）外，还能直观地显示物体表面的温度场，输出的视频信号可采用多种方式显示、存储和处理。红外热像仪可远距离测定建筑物围护结构的热工缺陷（如：空洞、热桥、受潮、剥落等），通过测得的各种热像图可表征各种建筑构造的热工缺陷的位置和大小。部分监测数据则来源于设施的监控系统，需要通过通信接口向绿色建筑的监测平台传输。地源热泵、水源热泵、太阳能光伏发电设备等自身带有专业的监控系统，为保证设备的正常运行而不断地采集相关数据，这些设备往往分布在建筑物内外，将这些数据汇集在一起并不容易，其中最大的困难是它们的监控系统通常是封闭的，不能外传数据，有时虽留有通信接口，其协议又不愿公开，需花很大的投入才能破解这类信息孤岛，否则就要重复设置大量的探测器件。为能降低绿色建筑建设与运行成本，建议各类用于绿色建筑的设施制造商充分考虑设备监控系统与外界信息交互的设计。

3. 绿色建筑运行数据的分析

绿色建筑在传统建筑的基础上设置了生态设施与节能设施，改换了建材与建筑部件，这无疑需增加建设成本。这类的投入增加可以获得生态环保效益，可以降低运行成本，也是人们所期望的，但是对此的分析不应停留在设计目标与理论期望的阶段，应从绿色建筑的全生命周期来分析并通过实际运行数据给出结论。

目前对于绿色建筑已有众多的评估指标体系。如英国建筑研究所（BRE）的"建筑环境评价方法"（BREEAM）、美国绿色建筑委员主要用于评价商业（办公）建筑整体在全生命周期中的绿色生态表现的"LEED绿色建筑等级体系"、加拿大发起的"绿色建筑挑战"（GBC），通过"绿色建筑评价工具"（GBTool）评价统一的性能参数指标。能否建立全球化的绿色建筑性能评价标准和认证系统，为各国各地区绿色生态建筑的评价提供一个较为统一的国际化平台，使不同地区和国家之间的绿色建筑实例具有可比性，在目前可能还是个良好的愿望。由于技术与商业出发点的不同和评估方法的差异，目前的评估指标及方法主流还是定性分类评价。

2.1.3 智能化系统在绿色建筑中的应用

1. 绿色建筑智能系统的内容

1）信息

信息是绿色建筑智能系统的基础，在绿色建筑工程中，需要广泛采集环境（大气、水体、气象等）、生态（植物、动物等）、建筑物（结构、地基、建材等）、设备（能源、空调、水处理、供电、固体废弃物处理等）、社会（安全、资讯、服务、管理、行政等）等领域的信息，为人类社会活动与生活提供准确可靠的信息，为绿色建筑的控制、管理与决策创造良好的环境。

2）控制

绿色建筑的控制包罗万象，枚举如下：

（1）绿色能源——从太阳能、风能、地热应用到区域热电冷三联供系统等的控制；

（2）利用峰谷电价差的冰蓄冷系统的控制；

（3）充分利用自然能量来采光、通风，采用最优控制技术，进行照明控制与室内通风空调控制，实现低能耗建筑，若辅以可再生能源则成为零能耗建筑；

（4）可以随环境温度、湿度、照度而自动调节的智能呼吸墙；

（5）应用变频调速装置对所有泵类设备进行最佳能量控制；

（6）自动收集雨水、处理污废水，提供循环使用的水处理设备控制系统。

3）管理

绿色建筑的管理涉及环境、生态、能源、资源、建筑物、设备、社会、安全、通信网络等。由于各子项之间相互关联，有些子项之间的目标甚至相互矛盾，因此管理不能仅着眼于单一子项，而要信息共享、相互间充分协调。于是需要绿色建筑的集成信息管理系统，在一个统一的平台上，实现绿色目标的综合管理。

4）决策

绿色建筑的生命周期中，它的建设、运行管理与更新改造有大量的事物需要决策，并付诸执行。

2. 绿色建筑智能系统工程的特点

1）大系统，多目标共存

为实现绿色建筑的建设目标，一般需配置环境、能源、资源、生态、安全、信息等监控管理系统。虽然众多的子系统构成了一个有机整体，但是各子系统的目标是不尽相同的，通常需采用多目标模糊优化控制，以获得整体的最佳状态。

2）多学科交叉，多技术结合

绿色建筑中智能系统的监控管理对象分属土木工程、环境工程、生态工程、能源工程、信息工程、化学工程、材料工程，在一个子系统中，往往需要采用多种技术手段来实现目标。如模仿"人体表皮组织－呼吸系统－神经系统"应激性能的气候调节设备（呼吸墙），就要综合运用新型墙体材料、过滤器、气候调节设备、室内外空气参数检测设备、智能控制装置，以室内外空气品质、建筑能耗及居住人的舒适度为综合目标进行自动调节。

3. 绿色建筑对智能系统工程提出的挑战

由于智能系统与绿色建筑共生同存，智能系统的功能、性能及运行成本是绿色建筑不可分割的一部分，绿色建筑要实现的大部分目标及实施方案都离不开智能系统，但是建筑业中的智能系统与传统工业系统中的工作环境和要求有很大差别，因而面临着许多新的课题。

（1）绿色建筑的智能系统虽然其结构为多子系统组合的复杂大系统，工程造价不菲，但建筑业对于监控管理系统的要求则是低成本、高可靠性。

（2）绿色建筑的智能系统大多是由没有专业技能的人群来直接操控的，因此，系统的人机界面不仅需要个性化、可视化，更要人性化、简易化，才能得到有效使用。

（3）绿色建筑中大量使用的检测器件，涉及各类物理量、化学量、生物量，这些器件不仅要求长期（几年至十几年）准确可靠工作，而且要低成本。如冷热源能耗自动计量等至今尚无理想的产品。

（4）为能增强安全系统功能，生物特征信息处理与数字图像分析应用需要有进一步的突破。

（5）为实现低能耗与零能耗建筑，在能源与资源管理上，在区域能源供应方面，结合设备系统功能实行预报控制与优化控制，尚需积累实践经验。

（6）对绿色建筑众多设备系统，进行在线故障诊断，实行冗余配置及容错控制，以保证居住使用者的便利，这需要进行实践与探索。

绿色建筑不同于传统建筑，其建设理念跨越了建筑物本体而追求人类生存目标的优化，是一个大系统多目标优化的典型案例。同时，绿色建筑必须采用大量的智能系统来保证建设目标的实现，这一过程需要信息、控制、管理与决策，智能化、信息化是不可缺少的技术手段。由于绿色建筑在我国刚刚起步，其中大量的课题有待人们去探索与解决。

2.2 绿色建筑评价标准中的智能化技术

2006年建设部颁布了《绿色建筑评价标准》，作为中国第一部应用于建设领域的绿色建筑标准，以其专业技术的高度与符合国情的视角，有力地引领了中国绿色建筑行业的发展。近年来，节能减排与环境保护作为中国的基本国策，获得了广泛的认同，从在北京连续举办七届国际绿色智能建筑与建筑节能论坛的盛况，可见绿色建筑在中国的迅猛发展。尤其是哥本哈根会议上中国政府坚定的立场，更将进一步推进国内低碳城市与绿色建筑的建设。这意味着更多的绿色建筑将被设计、建造并投入使用，大量的绿色建筑将为中国的节能减碳做出巨大的贡献。于是，如何评价绿色建筑的效果，正确引导工程建设行为，就更显重要了。

在中国绿色建筑标识的评审工作中，如何使用《绿色建筑评价标准》处理绿色建筑与建筑智能化的关系还存有困惑，需与业内人士共同探讨。

2.2.1 绿色建筑评价标准中与智能化相关的内容

在绿色建筑标识审查工作中，有关建筑智能化的内容散布在整部《绿色建筑评价标准》内，由于大多条文并未明确具体细节，因此对相关条款难以定性或定量落实，操作上呈现弱控制状态。既然没有具体的技术措施与管理模式的要求，自然在评审中无法确定是否能有效实现该条款的目标。如果在工程设计阶段就处于含混或缺位状态，那么建成后投入运行时就更难以补救了。

鉴于上述情况，现将《绿色建筑评价标准》与建筑智能化直接相关的条文作一些分析（表2.2.1）。

2.2 绿色建筑评价标准中的智能化技术

《绿色建筑评价标准》与建筑智能测控直接相关的条文　　表2.2.1

序号	条　文	分　析
1	4.2.3 采用集中采暖或集中空调系统的住宅，设置室温调节和热量计量设施	需明确室温调节基本的技术措施
2	4.2.7 公共场所和部位的照明采用高效光源、高效灯具和低损耗镇流器等附件，并采取其他节能控制措施，在有自然采光的区域设定时或光电控制	需明确节能控制措施具体的控制要求
3	4.2.9 根据当地气候和自然资源条件，充分利用太阳能、地热能等可再生能源。可再生能源的使用量占建筑总能耗的比例大于5%。 5.2.18 根据当地气候和自然资源条件，充分利用太阳能、地热能等可再生能源，可再生能源产生的热水量不低于建筑生活热水消耗量的10%，或可再生能源发电量不低于建筑用电量的2%	可再生能源的供能量需要通过连续监测记录，用数据说明实际效果
4	4.5.9 设采暖或空调系统(设备)的住宅，运行时用户可根据需要对室温进行调控。 5.5.8 室内采用调节方便、可提高人员舒适性的空调末端	调控功能一般都具备，室温调节控制需要确定目标
5	4.5.10 采用可调节外遮阳装置，防止夏季太阳辐射透过窗户玻璃直接进入室内。 5.5.13 采用可调节外遮阳，改善室内热环境	可调节外遮阳装置如需满足保证工作照度与减小空调负荷的综合目标，应有具体的控制措施
6	4.5.11 设置通风换气装置或室内空气质量监测装置。 5.5.14 设置室内空气质量监控系统，保证健康舒适的室内环境	有效的通风换气应与室内空气质量监测数据联动
7	4.6.6 智能化系统定位正确，采用的技术先进、实用、可靠，达到安全防范子系统、管理与设备监控子系统与信息网络子系统的基本配置要求。 5.6.9 建筑通风、空调、照明等设备自动监控系统技术合理，系统高效运营	"智能化系统定位正确"太笼统，需细化各智能化子系统对于绿色建筑目标贡献所应有的功能
8	5.2.5 新建的公共建筑，冷热源、输配系统和照明等各部分能耗进行独立分项计量。 5.2.15 改建和扩建的公共建筑，冷热源、输配系统和照明等各部分能耗进行独立分项计量	独立分项计量的基础在于电力、燃气及冷热源等的输配系统设计
9	5.2.11 全空气空调系统采取实现全新风运行或可调新风比的措施	全空气空调系统实现全新风运行或可调新风比的关键在于能够按室内舒适程度要求进行自动控制
10	5.2.12 建筑物处于部分冷热负荷时和仅部分空间使用时，采取有效措施节约通风空调系统能耗	应对"有效措施"作出例举
11	5.2.17 采用分布式热电冷联供技术，提高能源的综合利用率	应结合建筑物的规模与分布式热电冷联供技术的合理规模实行应用

2.2.2 绿色建筑评价过程中对智能化系统的要求

"绿色建筑"是一个有机的整体概念，它贯穿于建筑物的规划、设计、建设、使用以及维护的全过程，覆盖了建筑物的整个生命周期。"绿色建筑"注重与周边环境的和谐，包括对日光利用、空气流通、景观环境等的综合考虑，为使用居住者提供健康舒适的空间，并对周边环境形成积极影响。"绿色建筑"关注建筑材料与能源的合理利用与节约，因而在建筑物建造与使用过程的每个环节都最大限度地节约能源与材料。"绿色建筑"将环保技术、节能技术、信息技术渗透到人们生活的各个方面，用最新的理念、最先进的技术去解决生态节能与居住舒适度问题。总之"绿色建筑"是自然环境的一部分，与之共同构成和谐的有机系统。

因此需要开展对完善《绿色建筑评价标准》的探讨。

《绿色建筑评价标准》中用能控制与能源管理的内容只是一般项，不仅针对性差，而且控制力度低，不能有效实现绿色建筑的目标。用能控制与能源管理在绿色建筑评价中应具有较高的权重，才能引导设计者与建设者对此更加关注，并切实地给予投入，以确保实现绿色建筑的主要建设目标。

对环境监测与环保设施监控的智能化功能需要强化，尤其是水处理系统的运行管理，在《绿色建筑评价标准》虽然并不明显出现在条文中，但工程实践反映无论是雨污水处理，还是景观水的控制，如果缺失了智能监控，往往会带来灾难性的后果。

从国内绿色建筑评价体系的执行来看，应针对不同类型（公共建筑、住宅、既有建筑改造）、不同目标（星级）的绿色建筑设置智能化功能的最低标准。但是在设置智能化功能标准时应注意把握分寸，因为绿色建筑智能化功能的最低标准不能是智能化技术的最新水平。

由于智能化功能渗入在《绿色建筑评价标准》的相关条款内，构成评分的组成部分，如何把握要点，将绿色建筑的智能化与信息化功能合理定位，提高标准的可操作性，是值得研究的。

第3章 绿色建筑的智能化

3.1 绿色公共建筑的智能化

3.1.1 公共建筑的业态分类

公共建筑依据业态类型主要分为以下几类：
- **办公建筑**：政府行政办公楼、机构专用办公楼、商务办公楼等；
- **商业服务建筑**：商场、超市、宾馆、餐厅、银行、邮政所等；
- **教育建筑**：托儿所、幼儿园、学校等；
- **文娱建筑**：图书馆、博物馆、音乐厅、影院、游乐场、歌舞厅等；
- **科研建筑**：实验室、研究院、天文台等；
- **体育建筑**：体育场、体育馆、健身房等；
- **医疗建筑**：医院、社区医疗所、急救中心、疗养院等；
- **交通建筑**：交通客运站、航站楼、停车库等；
- **政法建筑**：公安局、检察院、法院、派出所、监狱等；
- **园林建筑**：公园、动物园、植物园等。

公共建筑和居住建筑同属民用建筑，民用建筑和工业建筑合称建筑。大型公共建筑一般指建筑面积 2 万 m^2 以上的公共建筑。

随着社会的发展、经济的增长及城市化进程，我国公共建筑的面积日趋扩大，目前既有公共建筑约 40 亿 m^2，每年城镇新建公共建筑约 3～4 亿 m^2。据部分大中型城市的能耗实测资料显示，特大型高档公共建筑的单位面积能耗约为城镇普通居住建筑能耗的 10～15 倍，一般公共建筑的能耗也为普通居住建筑能耗的 5 倍。公共建筑能源消耗量大，且浪费严重。

3.1.2 绿色公共建筑的特点

3.1.2.1 办公建筑

办公建筑是现代社会中集中体现先进设计思路和科学技术的代表性建筑，同时也是现代城市中最具生命力和创造力的场所。但正是由于这样的定位，许多现代化办公楼的设计者忽视了建筑以人为本的基本原则，回避了建筑与自然生态系统和谐贯通的传统，使办公楼成为现代科技不断累加的城市"航母"。在国内经济较发达的地区，到处可见由混凝土、钢和玻璃构筑的现代办公建筑，并产生着"热岛效应"和光污染。面对全球范围日益严峻的环境破坏和能源危机，绿色办公楼的概念渐渐浮出水面。

绿色办公楼应具备以下特征：

1）舒适的办公环境：随着人们对环境要求的逐步提高，如何改善人们的生活工作环境、提高人们的生命质量成为绿色办公楼的主要发展方向。环境的舒适性主要体现在优良的空气质量、优良的温湿度环境、优良的视觉环境、优良的声环境等方面。

2）与生态环境的融合：最大限度地获取和利用自然采光和通风，创造一个健康、舒适的环境。人们如果长期处于人工环境中易出现"病态建筑综合症"及"建筑关联症"，如疲劳、头痛、全身不适、皮肤及黏膜干燥等。因此，在现代办公建筑中，应注重自然采光和自然通风与技术手段的结合。

3）自调节能力：这种自调节一方面是指建筑具有调节自身采光、通风、温度和湿度等的能力，另一方面建筑又应具有自我净化能力，尽量减少自身污染物的排放，包括污水、废气、噪声等。

3.1.2.2 医院

医院是维系人类健康、延续人类生命的场所，医院特殊的服务救治功能对环境健康有更高的要求，而功能的特殊性又增加了医院系统与环境的复杂关联。传统医院偏重于满足基本的功能使用和管理要求，但医疗环境存在各种问题。人们对于医院的各种抱怨，虽然与一些医护工作者的职业素质和医院的运营模式有关，但建筑设计的不合理却一直被人忽视。因此，医院需要顺势而动，融入绿色建筑思想，进行"绿色化的改造"，使医院建筑在整体的环境中合理地定位，与相关系统形成良性互动。另一方面，生理—心理—社会医学模式使医院对人的健康予以关怀的思想已经由原有的生理范围拓展到了心理、社会适应性的层面，通过建筑手段，塑造温馨愉悦的空间环境，缩短患者从家庭到医院的心理距离，通过情感因子的注入，转变医疗"机器"这一固有形象，带给身处其中的人们安逸平和的心态。

绿色医院应具备以下特征：

1)"以人为本"。人性化设计包含三方面的要求：基于人体舒适度和人体工程学的角度，为建筑物提供舒适的室内外空间和微气候；健康要求，包括心理健康和生理健康；可调节性和变更，由用户来控制室内环境参数，对所处环境进行调节。

2）与自然的协调共存。充分利用自然资源、能源；实施环保策略，解决人流、物流混杂交叉与医疗垃圾处理的问题，避免物品的污染，改善医院环境；使用绿色健康建材，在满足建筑物防潮、隔热及安全（消防、地震）等的前提下，减少对环境污染。

3.1.2.3 学校

学校作为人才的"摇篮"，其建筑具有文化意识的象征意义，须关注总体规划和单体建筑与周围环境的融合、历史的沿革和文化的继承，这是一种注意人文环境的建筑思想。随着我国全民素质教育水平的提高，面对资源枯竭、环境污染加剧的现状，给学校建筑提出了新的课题，建筑节能和校园环境保护成为建设绿色校园的重要内容之一。根据住房和城乡建设部、教育部、财政部的要求，为建立高等学校校园节能工作的长久机制，推进和深化节约型校园的建设，住房和城乡建设部建筑与科学技术司、教育部发展规划司委托同济大学、天津大学、重庆大学、深圳市建筑科学研究院共同编制《高等学校校园建筑节能监管系统建设技术导则》，有力地推动了绿色校园的发展。

绿色校园应具备以下特征：

1）良好的环境：良好的环境能够诱发更多的思想灵感和智慧火花，而绿色建筑强调更多地利用自然光、自然通风，改善室内空气质量，为师生提供健康、舒适、安全的居住、学习、工作和活动空间。学校建筑的视听环境、通风和室内空气质量等会对学生的学习质量和身心健康产生很大的影响。据国外一些实验证明：①在自然采光的学校内学习的学生更健康，并且平均每年学生多出席的天数为 3.2～3.8 天；②有良好光线的图书馆可以显著地使噪声降低；③拥有自然采光的学校可以使学生的心情处于更积极的状态。可见通过营建绿色建筑，为学生提供更健康、舒适的学习环境，应是学校追求的目标。

2）单体的差异性：学校建筑主要用来满足教学、科研及生活需要，各单体建筑（如教室、图书馆、办公室、食堂等）的使用功能不同，设计要求也不同。例如图书馆、阶梯教室、学生餐厅等建筑进深较大，采光、通风、排气要求就比较高；而大型实验室则是"能源大户"，能耗管理相对就比较重要。因此，校园建筑设计需要根据具体的功能要求，选择有针对性的绿色建设方案。

3.1.2.4 商场

商场建筑具有建筑面积大、客流密度和各种电器密度高、能量传输距离长、能量转换设备多等特点。而且商场一般每天运行 12 个小时以上，全年基本没有节假日，因此，与其他类型公共建筑相比，商场单位面积耗电密度高、全年总耗电量大，节能潜力巨大。

绿色商场应具备以下特征：

1）舒适与节能并重：舒适健康的室内环境关系到人们的健康和工作生活的质量，不能以取消舒适环境的代价换取节能的效益，两者需并重。例如，冬季在大型商场购物的消费者穿着厚外套感觉热，脱去大衣又会感觉凉，而且大衣拿在手上也比较麻烦。这是由于部分商场供暖的温度标准照搬住宅的温度标准，不仅浪费了商场的能源，而且给消费者带来不便。据调查，冬季大型商场的室温保持在 15～18℃时，顾客穿着外套会感觉到比较舒适，免去了脱去外套的麻烦，这一改变就可以达到舒适与节能的平衡。当然，不同地域冬季气温条件的不同，这样的室温标准也会有变化。

2）私利与公利并重：以往对商场建筑的研究主要集中在商场的内部空间构成和外部形态设计，侧重于商业环境的研究，而忽略了对商场室内环境的研究。商场建筑属于获益型建筑，节能的许多要求与其经营方式产生矛盾，难以达到满意的结果。因此，兼顾经营者的私利和消费者的公利是必须解决的问题。

3.1.3 绿色公共建筑的设备及设施系统

从 2005 年我国开始编制绿色建筑标准发展至今，尽管当初相关细则还未出台，但我国对于绿色建筑的概念已然明确，在建筑的全生命周期内，在适宜条件下最大限度地节约资源（能源、土地、水资源、材料等），保护环境和减少污染，为人们提供安全、健康和适用的使用空间，与自然和谐共生的建筑。结合公共建筑的特点，可见建设绿色公共建筑的目标主要集中体现在三个方面：

- 提供安全、舒适、快捷的优质服务；
- 低碳、节能和降低人工成本；
- 建立先进和科学的综合管理机制。

下文简要介绍绿色公共建筑的设备和设施系统。

3.1.3.1 总体设计思路

针对公共建筑在绿色节能方面的需求和措施，营建综合性的管理系统势在必行，智能楼宇能源管理体系 EMB（Energy-Saving Management for Public Buildings）便孕育而生（图 3.1.3-1）。EMB 的管理平台可以将环境控制、照明节能、电（自动）扶梯节能、暖通循环水泵节能、

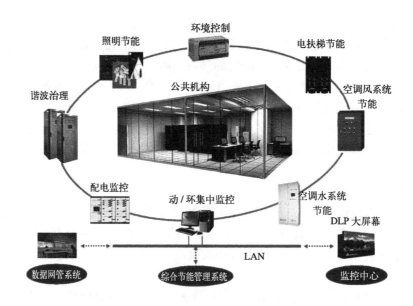

图 3.1.3-1　智能楼宇能源管理体系 EMB

暖通空调风机节能、电力需量控制等多功能整合在一起，通过统一的监控平台和可靠的能量管理系统，实现对能源的综合管理；通过分析、共享各种数据，加强对用能设备的监管，指导各项节能工作有效的展开，最终创造绿色、安全、舒适的居住环境，实现节能效益的最大化。

EMB 能源管理系统可广泛应用于绿色建筑能耗数据的实时采集、管理、监控及辅助决策中，主要特点包括：

1）解决能源分散管理，实现能源消耗的集中监控及管理；

2）解决能源计量体系不完整、能耗统计机制不健全的状态，提供从自动化采集、计量、统计核算的系列功能；

3）解决节能方向不明确、节能措施不系统的问题，提供能耗分析功能和能耗异常预警提示；

4）建立多部门协助下的能源平衡机制，将整体电机设备的日常运行管理纳入受控状态，实现工作成员有效沟通和高效协作，为能源管理与审计各方提供全局性的功能。

依据各企业不同的架构、组织，EMB 的设计主要分成 SC（总控中心）、SS（区域中心）、SU（采集单元）三部分，三部分可依据各企业的实际运营模式和管理办法，灵活选择组成模块。采用基于广域网的 Browse/Server（B/S）模式进行组网，形成树状阶层分布式网络结构。实时数据和历史数据分开传输，解决了大容量数据传输的问题。

3.1.3.2　暖通空调节能

暖通空调能耗占公共建筑总能耗的 40%～60%，因此暖通空调节能是公共建筑节能的重要手段，是打造绿色公共建筑的一个必不可少的环节。从目前暖通空调运行情况来看，普遍存在"大马拉小车"的情况，造成大量的能量浪费。目前针对暖通空调节能改造的技术手段主要有：

● 冷冻机组的智能控制（图 3.1.3-2）

采用末端控制优先的原理，其主要策略是：根据供回水温差来判断末端能量的需求，通过自动切换冷机的运行台数，以使冷机工作在最佳能效比曲线段，减少冷机低效运行造成无谓的能耗，提高冷机能效比，可实现主机设备节能 10%～15%。

- 水泵变频

运用变频和 PID 控制技术，通过对冷冻水流量的模糊预期控制、冷却水的自适应模糊优化控制和冷冻主机系统的间接（或启停）控制，实现空调冷媒流量跟随负荷的变化而动态调节（按需供冷），确保整个空调系统始终保持高效运行，从而最大限度地降低空调系统能耗。

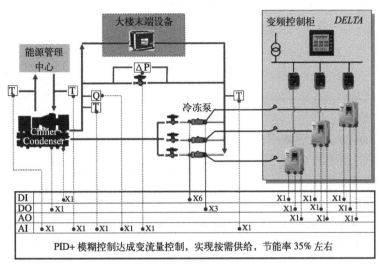

图 3.1.3-2　冷冻机组控制示意图

- 变风量（VAV）系统

大型公共建筑为人群极为密集的场所，空调运行时除裙房外其他楼层门窗较为密闭，从而使室内自然换气次数极小。需要依靠空调系统输送新风到室内，同时排风系统需要将与新风量相同的室内空气排出到室外，以满足人群卫生的要求。由于夏季排风温度较低而新风温度较高，让新风与排风进行热交换，以降低新风的进风温度，可以节省制冷机大量的冷量，同时，加强了室内外的通风换气，是改善室内空气品质的最有效方法。

典型绿色建筑空调系统控制方案如图 3.1.3-3 所示。

3.1.3.3　照明节能设计

公共建筑中照明能耗通常仅次于中央空调，但是照明的节能改造必须在保证建筑内照度要求的基础上进行，否则会造成建筑内人员不舒适。针对绿色建筑对照明的要求，主要的解决方案有：更换高效节能灯具、使用 LED 灯、安装照明省电器及照明自动控制系统。

- 更换高效节能灯具

目前公共建筑中使用的灯多数是 T8 型荧光灯、紧凑型荧光灯或者用于突出商品和建筑特点而使用的金卤灯、卤钨灯等。大型商场由于实际使用需求和安装特点，灯具更换难度较大，但是在大型超市、写字楼、医院以及商业建筑大型的地下停车场内普遍使用的是 T8 型荧光灯，照明时间也很长。专业数据显示，节能灯，如稀土三基色节能灯比白炽灯节电 80%，寿命是白炽灯的 5 倍，光效是白炽灯的 3.5 倍。尽管成本要高出几倍，但价格

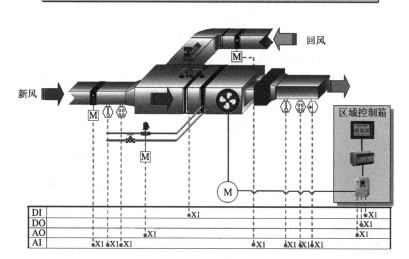

图 3.1.3-3 典型绿色建筑空调系统控制方案

的差距可以在随后的使用中节省出来。

实践证明，在不影响照明效果的前提下更换节能光源和灯具是最行之有效的照明节能措施。但是目前节能灯具产品质量良莠不齐，选择更换时要选取优质的产品。

● 使用 LED 节能灯

使用 LED 灯是今后绿色建筑的发展趋势，LED 灯相比较其他类型的灯具，具有以下显著的特点：

对比项	LED灯	高压钠灯	无极灯	备注
光源特点	固体照明	气体放电照明	气体放电照明	LED照明是固体照明，耐冲击振动，不易碎，气体放电照明是玻璃外壳，易碎
平均照度	相当			
显示指数	80~90	20~30	60~70	高压钠灯光谱很宽，所以光通量比LED大，但实际照明效果不如大功率LED路灯，因为光谱中的很多光起不到照明作用。如紫外、红光等
环保特性	无污染	有汞、铅重金属污染	有汞、铅重金属污染	目前废旧高压钠灯和无极灯无法有效解决汞的回收，对环境有很大危害
功率特性	恒功率	变功率	变功率	功率的不恒定，不仅使高压钠灯和无极灯耗电增加，而且严重影响其使用寿命
调光	无级调光	不可调	不可调	调光功能可以在半夜后节省大量电力

同时，LED 灯还具备以下优势：

1）在相同亮度的情况下，LED 灯的耗电是白炽灯的 1/8，日光灯的 1/3；

2）LED 灯的寿命至少是白炽灯的 12 倍，节能灯的 4 倍，日光灯的 5 倍，光衰到 70% 的标准寿命可达 50000h；

3）LED 灯的光谱几乎全部集中于可见光频率，效率可达 80%～90%，白炽灯的可见光效率仅为10%～20%；

4）LED灯的响应时间是纳秒级，可以频繁开关，无级调节照度。

- 安装照明省电器

省电装置是根据照明灯具及电器最佳工况的特点，利用电压自耦信息的反馈和叠加原理，采用高新技术制作的高磁导材料和专利的绕线技术研发而成的自耦式节电装置，使二次侧的功率（视在功率kVA，有功功率kW，功率因数PF）得到改善，以补足主绕组损失之电力，从而提供用电设备最稳定、最经济的工作电压，实现节电和节能的目的，节能效率可达10%（降低5V），同时亦有效延长灯管及电器寿命1.5～2.8倍。

安装照明省电器可以起到稳压、滤波、提高功率因数的作用，达到节能与延长灯具使用寿命的结果。

- 建设照明智能控制系统

照明自动控制系统可以实现对建筑照明的自动化控制和管理，可以和BA系统进行联网，实现远程监视、设备自动控制、自动抄表和计费及自动报表。

照明自动控制系统可以灵活地进行场景控制；根据照度或人员进入情况控制照明；可以以计算机统一控制管理，提高效率；可以遥控控制。但系统复杂，需要较高水平的运行维护人员；该系统以提高管理效率为主、节能为辅，节能量有限。

3.1.3.4 电扶梯节能

电扶梯作为公共建筑物的主要耗电设备，存在着较大的节能空间。可采用变频技术，在动力具有富余量的情况下，降低电动机的运行频率而达到节电的目的，并具备可双向转换、自动起停、缓停缓起、流量统计等功能。主要特点有：

1）在不影响对负载做功的前提下，调整供应电压，使耗电量减少；

2）对负载提供相对较稳定的工作电压，提升供电品质；

3）减少机器设备发热，降低设备故障率、延长使用寿命；

4）对大部分设备可提升功率因数（约4%～6%），节省电费。

3.1.3.5 新能源的利用

光伏发电已成为绿色建筑应用太阳能的重要手段之一。

光伏建筑（BMPV，即Building Mounted PV）是指"将太阳能发电产品集成到建筑中"，我国把光伏建筑分为安装型（BAPV）和构件型（BIPV）。相对于较狭义的BIPV来说，光伏系统附着在建筑上的BAPV（Building Attached PV）则更多地被使用在目前绿色建筑中，其中在屋顶上建造光伏发电系统则是比较常见的一种形式。

- 光伏建筑一体化设计

光伏建筑一体化（BIPV，即Building Integrated PV）就是将光伏发电系统和建筑幕墙、屋顶等围护结构系统有机的结合成一个整体结构，不但具有围护结构的功能，同时又能产生电能，供建筑使用。

光伏建筑一体化具有以下特点：

1）一体化设计，光伏电池成为建筑物的组成部分，节省了光伏电池的建设成本；

2）有效地利用了阳光照射的空间，高效地利用太阳辐射，这对于人口密集、土地昂贵的城市建筑尤为重要；

3）一体化设计的光伏发电量首先为本建筑物使用，即可原地发电、原地使用，省去

第 3 章 绿色建筑的智能化

图 3.1.3-4　上海世博主题馆屋顶光伏发电效果图

了电网建设的投资，减少输电、分电的损耗（5% ～ 10%）；

4）在夏季用电高峰时，BIPV 正好吸收夏季强烈的太阳辐射，并转换成制冷设备所需的电能，从而舒缓电力需求高峰时期的供需矛盾，具有良好的社会效益；

5）使用新型建筑围护材料，降低了建筑物的整体造价，使建筑物的外观更具魅力；

6）减少了由化石燃料发电所带来的污染量，对于环保要求更高的今天和未来极为重要；

7）光伏建筑一体化产生的电力可用于建筑物内公共设施，降低建筑运行能耗费。

● 屋顶光伏发电设计

BAPV 系统可按照最佳或接近最佳角度设计，可采用性能好、成本低的标准光伏组件，系统安装简单高效，可获得最好的投资效益，成为光伏投资商最佳选择。而且新建筑的增长速度远没有光伏发展快，因此现有建筑成为最主要的选择对象，从而使 BAPV 成为当前的主要市场。

屋顶太阳能发电系统通常采用并网型 AC 供电系统。太阳能发出的电能与市电供电线路并联，给负载供电。当市电停电时，直/交流电力转换器会自动停止输出，以防止太阳能供电系统过载损坏。当负载需要的电能少于太阳能发电系统输出的电能时，太阳能系统在给负载供电的同时，将多余的电力送往市电（即卖电给电力公司）。当太阳能系统电能不足以给负载供电时，太阳能电能全部提供给负载，不足部分由市电补充（即从电力公司买电）。

对于屋顶太阳能发电系统，当建设空间受限或场地成本较高时，优先选用标准的、效率高的、单晶硅或多晶硅太阳能电池板（图 3.1.3-4）。

3.1.4　绿色公共建筑中的智能化应用

最近美国的研究报告显示，高质量的办公环境可使工作效率提高 18%，为公司带来巨大效益。目前在美国一般水平之空调设备年花费约 10 ～ 15 美元 / 平方英尺，而高级空调之花费约只增加 10 美元 / 平方英尺。然而，因环境不良引起的职员怠工所造成的损失约为 5%，因此优良空调、优良工作环境的设计，不但具有良好的投资回报，对人们的工作、健康及节约能源也有莫大好处。

绿色建筑不但可以减少对地球环境的伤害,也可以使居住及办公人员更长寿、更健康。但如何有效地提供健康、舒适、环保、节能的工作环境,不但需要使用各种不同的设备和设施系统,还需要搭建智能化的控制平台,将智能化的控制应用于绿色建筑中,依据实际负荷情况,通过组合不同的自动控制策略调节系统,以达到最佳化运行,实现建筑物节能、延长系统使用寿命。通过对绿色建筑内各类设备进行实时监测、控制及自动化管理,达到环保、节能、安全、可靠和集中管理的目的。

3.1.4.1 智能化控制应用范围

1) 根据绿色建筑实时的负荷调整冷热源主机和其他空调设备,在保证室内温度和湿度的前提下,尽可能地节约能源。暖通空调自动控制系统包含冷热源(制冷主机、锅炉等)的控制、水泵(冷冻泵、冷却泵、热水泵、补水泵等)控制、冷却设备(冷却塔、冷却井)控制、末端设备(新风机组、组合式空调机组、风机盘管等)的控制以及各种风机、阀门等的控制。

2) 实现对照明系统的智能控制。可以对大型绿色建筑灯光系统进行智能及灵活地控制其启停及调光,在保证照度的同时尽可能地使灯光系统更节能以及具有更艺术化的表现能力。具体包含:自动定时开闭灯光;根据照度自动开闭;根据照度自动调光;变换预设的场景亮灯模式。

3) 实现对电气设备的智能控制。包括改善电力品质、自动扶梯节能控制等。

3.1.4.2 自动控制策略

1) 温度控制策略:《公共建筑节能设计标准》GB 50189-2005 中规定:空气调节室内计算参数,一般房间温度为25℃,相对湿度为40%~65%,为了提倡节能,国家发改委要求公共建筑夏季温度设计为27℃。根据《采暖通风与空气调节设计规范》要求,冬季民用建筑的主要房间宜采用16~20℃,夏季采用24~27℃。依据以上要求,采用的温度控制模式有:温度跟踪模式,根据室外温度智能调节室内温度的目标值,实现室内目标温度随室外温度变化的动态调整,选择最佳运行参数,达到最佳控温效果;温度固定模式,依据用户设定的温度作为控制目标来进行室内温度控制。

2) 新风控制策略:新风控制类似于过渡季节温度控制。设立空调新风系统主要是为建筑物内的使用人群提供舒适的环境,但在追求舒适的同时也消耗了大量的能源。夏季,人们感到最舒适的气温是19~24℃,冬季是17~22℃。人体感觉舒适的相对湿度,一般在20%~60%。因此在室外温湿度良好的情况下,大量引进新风不仅可以改善空气质量,对空调主机的节能效果也相当显著。但在室外温度低于5℃和高于32℃时不建议引进新风调节(此时新风控制权完全交给CO_2控制)。

3) 预冷预热策略:夏季在凌晨2点开启空调机组半个小时,实现新鲜空气与建筑内污浊空气置换。

4) CO_2控制策略:CO_2是衡量空气质量的重要指标,为了在节能的同时提供健康的环境,需对CO_2进行监测与调节。人类生活的大气中的O_2含量为21%,CO_2含量为0.03%(300ppm)。当空气中CO_2含量大于1000ppm时,人们就会感觉疲倦、注意力低下;当室内CO_2含量在(1000~1500)ppm时,人们就会胸闷不适。要提供一个温度适宜、空气清新的环境,就要求中央空调对室内温度、CO_2含量进行准确、合理控制。通过公共建筑

不同区域布置的 CO_2 传感器采集的 CO_2 浓度值调整新风阀门开度引进不同新风量，将室内 CO_2 浓度控制在设定标准内（1000ppm）。

3.2 绿色住宅建筑的智能化

3.2.1 住宅建筑及其分类

住宅建筑（residential building），指供家庭居住使用的建筑（含与其他功能空间处于同一建筑中的住宅部分）。我国住宅按层数划分为如下几类：

1. 低层住宅：1层至3层；
2. 多层住宅：4层至6层；
3. 中高层住宅：7层至9层；
4. 高层住宅：10层及以上。

此外，30层以上及高度超过100m的住宅建筑称为超高层住宅建筑。

住宅建筑还可按楼体结构形式分类，分为砖木结构、砖混结构、钢混框架结构、钢混剪力墙结构、钢混框架－剪力墙结构、钢结构等；按房屋类型分类，可分为普通单元式住宅、公寓式住宅、复式住宅、跃层式住宅、花园洋房式住宅、小户型住宅（超小户型）等；

住宅建设是伴随人类发展的永恒主题。自从有了人类，就有了住宅，住宅建设随着时代的变化而发展。早期住宅对于人类来说，以栖身为主要目的，主要功能是遮风、避雨，保护人类不受伤害。现代住宅还需要满足人类享受舒适生活的需求，创造与整体环境和谐的氛围及对艺术的追求等功能。

进入21世纪，随着生活水平的不断提高，人们开始追求一个安全、舒适、便利的居住环境，同时希望享受先进科技带来的乐趣，对住宅小区的建设提出了更高的要求，出现了智能化住宅。智能化住宅是指将各种家用自动化设备、电器设备、计算机及网络系统与建筑技术和艺术有机结合，以获得一种居住安全、环境健康、经济合理、生活便利、服务周到的感觉，使人感到温馨舒适，并能激发人的创造性的住宅型建筑物。智能化住宅应具备安全防卫自动化、身体保健自动化、家务劳动自动化、文化娱乐自动化等功能。

建立在智能化住宅基础上的小区为智能化住宅小区。智能化小区以一套先进、可靠的网络系统为基础，将住户和公共设施建成网络并实现住户、社区的生活设施、服务设施计算机化管理。智能化住宅小区应用信息技术和智能技术为住户提供先进的管理手段、安全的居住环境和便捷的通信娱乐工具是建筑与信息技术完美结合的成果。

3.2.2 绿色住宅建筑的特点

在创建节约型社会的倡导下，绿色住宅建筑无疑是当前住宅建筑界、工程界、学术界和企业界最热门的话题之一。"绿色"的目标是节能、节水、节地、节材，创造健康、安全、舒适的生活空间。绿色住宅建筑具有如下特点：

（1）对环境影响最小的民用建筑，应最大限度地体现节能环保的原则。绿色生态小区建设应充分考虑绿色能源（如：太阳能、风能、地热能、废热资源等）的使用，在使用常规能源时，也应进行能源系统优化。小区建设应提倡采用先进的建筑体系，充分考虑节地原则，以提高土地使用效率、增加住宅的有效使用面积和耐久年限。

此外，应充分体现节约资源的原则，如注重节水技术与水资源循环利用技术及尽量使用可重复利用材料、可循环利用材料和再生材料等，充分节约各种不可再生资源。

(2) 具有生态性。绿色住宅建筑是与大自然相互作用而联系起来的统一体，在它的内部以及其与外部的联系上，都具有自我调节的功能。绿色住宅在设计、施工、使用中，都应尊重生态规律、保护生态环境，在环保、绿化、安居等方面使住宅建筑的生态环境处于良好状态。例如优先选用绿色建材、物质利用和能量转化、废弃物管理与处置等，保护环境，防止污染。所有这些都体现了生态性原理。因此，绿色建筑技术也是保护生态、适应生态、不污染环境的建筑技术。

(3) 应提供健康的人居环境。健康性是绿色建筑的一个重要特征，也是衡量其建设成果的重要标志。应选用绿色建材，以居住与健康的价值观为目标，促进住宅产业化发展。营造符合人类社会发展的人性需求的健康文明新家园，满足居住环境的健康性、环保性、安全性，保证居民生理、心理和社会多层次的健康需求。为了推动绿色建筑和健康住宅的发展，我国建设部于2001年颁布了《健康住宅建设技术要点》，在其中指出了人居环境健康性的重要意义，提出了健康环境保障的措施和要求，明确了对空气污染、装修材料、水环境质量、饮用水标准、污水排放、生活垃圾处理等多个条款的具体指标，为建造健康住宅指出了明确的方向。

(4) 体现可持续发展。借助高度创新性、高度渗透性和高度倍增性的信息技术，来提高住宅的科技含量。如采用中水处理、雨水回收装置，使用节水型产品；利用太阳能以及风能，为居民提供生活热水、取暖及电力；应用节能型家用电器（包括空调）与高效的智能照明系统；在居住小区中采取各类措施节省能源、资源，包括污水收集与排放、小区内外绿色和绿化保护；应用防止污染气体、噪声隔离、再生能源与垃圾处理等技术。应用计算机网络技术、数字化技术、多媒体技术打造数字社区、网络社区、信息社区，使住户充分享受现代科学技术所带来的时代文明。

(5) 不以牺牲人们生活品质为代价。绿色住宅建筑的环保节能，并不是以牺牲人们的舒适度和生活品质为代价的。绿色住宅建筑不一定是豪华的，但必须满足住宅建筑功能，为使用者创造舒适环境，提供优质服务。不仅需要维持"健康、舒适、安全"的室内空间，还需要创造和谐的室外空间，融入周围的生态环境、社会环境中。

(6) 绿色建筑和智能化住宅密切相关。就节能、环保而言，智能建筑也可称为生态智能建筑或绿色智能建筑，生态智能建筑能处理好人、建筑和自然三者之间的关系，它既要为人创造一个舒适的空间环境，同时又要保护好周围的大环境，符合"安全、舒适、方便、节能、环保"。

3.2.3 绿色住宅建筑的设备与设施

绿色住宅建筑中诸多的设备与设施通过科学的整体设计和相互配合，实现高效利用能源、最低限度地影响环境，达到建筑环境健康舒适、废物排放减量无害、建筑功能灵活经济等多方面目标。

1. 住宅绿色能源

住宅小区涉及的绿色能源包括太阳能、风能、水能、地热能等。绿色能源的使用可以减少不可再生能源的消耗，而且可以减少由于能源消耗而造成的环境污染。在规划设计中，应对能源系统进行分析，因地制宜地选择合适的能源结构。

2. 水环境

绿色住宅建筑的水环境系统包括中水系统、雨水收集与利用系统、给水系统、管道直饮水子系统、排水系统、污水处理系统、景观用水系统等，水环境系统的建设应节约水资源和防止水污染。

小区的管道直饮水子系统是指自来水经过深度处理后，达到《饮用净水水质标准》CJ 94-1999 规定的水质标准，通过独立封闭的循环管网，供给居民直接饮用的给水系统。管道直饮水子系统的设备、管材及配件必须无毒、无味、耐腐蚀、易清洁。排水系统由小区内污水收集、处理和排放等设施组成，生态小区的排水应采用雨水、污水分流系统；污水处理系统将小区内的生活污水经收集、净化后，达到规定排放标准，污水处理工艺应根据水质、水量的要求确定；中水系统是将住宅的生活污废水经收集、处理后，达到规定的水质标准，可在一定范围内重复使用的非饮用水系统；雨水系统将小区内建筑物屋面和地面的雨水，经过收集、处理后，达到规定的水质标准，可在一定范围内重复使用；景观用水系统由水景工程的池水、流水、跌水、喷水、涌水等用水组成，景观用水设置水净化设施，采用循环系统。

3. 空气环境

空气环境包括室外和室内大气环境和空气质量。住宅小区室外大气环境质量应达到国家二级标准，要对空气中的悬浮物、飘尘、一氧化碳、二氧化碳、氮氧化物、光化学氧化剂的浓度进行采样监测。室内房间应 80% 以上能实现自然通风，室内外空气可以自然交换，卫生间应设置通风换气装置，厨房应有煤气集中排放系统。室内装修应考虑装修材料的环保性，防止装修材料中挥发性病毒、有害气体对室内环境造成影响。

4. 声环境

声环境指的是室外、室内噪声环境。在绿色住宅小区中，室外白天声环境应不大于 45dB、夜间应不大于 40dB；室内白天应小于 35dB、夜间应小于 30dB。若不能满足要求，室外可建设隔声屏或种植树木进行人工降噪，室内可采取对外墙构造结合保温层作隔声处理、窗采用双层玻璃、门和楼板选用隔声性能好的材料等。此外，共用设备、室内管道要进行减振、消声，供暖、空调设备噪声不能大于 30dB。

5. 光环境

光环境指的是室内、室外都能充分利用自然光，光照度宜人，没有光污染。为保证室内自然采光要求，窗地比宜大于 1:7，室内照明应大于 120 lx。住宅 80% 的房间均能自然采光，楼梯间的公共照明应使用声控或定时开关，提倡使用节能灯具。室外广场、道路及公共场所宜采用绿色照明，道路识别应采用反光指示牌、反光道钉、反光门牌等。室外照明应合理配置路灯、庭院灯、草坪灯、地灯等，形成丰富多彩、温馨宜人的室外立体照明系统。

6. 热环境

住宅的采暖、空调及热水供给应尽量利用太阳能、地热能等绿色能源，推广采用采暖、空调、生活热水三联供的热环境技术。冬季供暖的室内温度宜保持在 18～22℃ 之间，夏季空调的室内温度宜保持在 22～27℃ 之间，室内垂直温差宜小于 4℃。供暖、空调设备的室内噪声级不得大于 30dB。

集中采暖系统的热源应采用太阳能、风能、地热能或废热资源等绿色能源，系统应能实现分室温度调节、实施分户热计量，并宜设置智能计量收费系统。

分户独立式采暖系统的热源同样宜采用清洁能源，有条件地区宜利用太阳能作为热源。采用燃气作为热源时，应采取一定措施防止局部空气环境污染。利用热泵机组采暖时，应考虑辅助热源，以保证系统运行稳定。采用电采暖系统时，宜利用太阳能作为辅助能源。如有废热资源可供使用，宜采用低温热水地板辐射采暖。

集中空调的余热应考虑回收利用。新风进口应远离污染源。

7. 微电网控制

可再生能源的开发利用的容量较小且间歇性强，仅适宜就地开发利用，补充供给住宅负荷。从能源管理角度分析，能源的生产地应尽量靠近终端用户，以降低输送成本，提高能源供给的可靠性。在一个局部区域，可根据具体生态能源资源情况，建设局域微电网，将各类可再生能源转化所得的电能在一个独立的局域微电网中统一管理，以提供连续可靠的绿色能源。

局域微电网接在小区低压侧供电回路与负载之间，当局域微电网电量不足时，由市政电网正常供电。微电网不需要大量的蓄电池组储存生态能源电能，但要求具有很好的负载平衡的调控功能。

8. 垃圾处理设施

近年来，我国城市垃圾迅速增加。城市垃圾的减量化、资源化和无害化是我国发展循环经济的一个重要内容。住宅建筑的生活垃圾中可回收再生利用的物质占了相当大的比例，如有机物、废纸、废塑料制品等，根据垃圾的来源、可否回用的性质、处理难易的程度等进行分类，将其中可再利用或可再生的材料进行有效回收处理，重新用于生产。

绿色住宅建筑的垃圾处理包括垃圾收集、运输及处理等。在具有较大规模的住宅区中可配置有机垃圾生化处理设备，采用生化技术（利用微生物菌，通过高速发酵、干燥、脱臭处理等工序，消化分解有机垃圾）快速地处理有机垃圾，达到垃圾处理的减量化、资源化和无害化。

9. 住宅绿色物业管理

绿色住宅运营管理是在传统物业服务的基础上进行提升，要坚持"以人为本"和可持续发展的理念，从建筑全寿命周期出发，通过应用适宜技术与高新技术，实现节地、节能、节水、节材与保护环境的目标。绿色住宅运营管理策略与目标应在规划设计阶段时确定，在运营阶段实施并不断地进行维护与改进。

10. 智能化系统

绿色智能建筑是当今人类面临生存环境恶化、追求人类社会的可持续发展和营造良好人居环境的必然选择。住宅建筑中的智能化措施是为了促进绿色指标的落实，达到节约、环保、生态的要求，如开发和利用绿色能源、减少常规能源的消耗，对各类污染物进行智能化监测与报警，对火灾、安全进行技术防范等。

在绿色住宅建筑中，智能化系统通过高效的管理与优质的服务，为住户提供一个安全、舒适、便利的居住环境，同时最大限度地保护环境、节约资源和减少污染。绿色小区中的智能设施又分为许多功能系统，这些系统的建设要和小区总体建设统一规划、统筹安排，这样才能最大限度地发挥智能设施的功效。

3.2.4 绿色住宅建筑中的智能化应用

绿色建筑和智能化住宅密切相关。从节能、环境、生态上讲，智能建筑一定是绿色的生态建筑。为保证建筑物中采用的包括节电、节水、自然能源利用等措施的实施，必须采取智能化技术。建筑智能化技术是绿色建筑的技术保障，智能化系统为绿色建筑提供各种运行信息，提高其建筑性能，增加其建筑价值，智能化系统影响着绿色建筑运营的整体功效。

智能建筑的首要目标是为使用者创造舒适环境、提供优质服务的同时，最大限度的节约能源。如何采用高科技的手段来节约能源和降低污染应成为智能建筑永恒的话题，在某种意义上，智能建筑也可称为生态智能建筑或绿色智能建筑。以智能化推进绿色建筑的发展，节约能源、促进新能源新技术的应用、降低资源消耗和浪费、增强工效、减少污染，是建筑智能化发展的方向和目的，也是绿色建筑发展的途径。

绿色建筑的智能化是一项系统工程，它包含的技术门类很多，设备器件复杂，网络纵横交错，现代技术应用广泛。这里所说的智能化系统是指建设绿色智能化居住小区需要配置的系统，它包含着许多子系统，在子系统中又有许多分支系统，其组成结构如图3.2.4所示。

1. 能源及用电监控系统

能源监控系统包括太阳能发电子系统、风力发电子系统、变配电子系统和智能用电设备调控子系统。能源监控系统要实时对绿色能源发电、配电系统的各类工作状态进行调控，保证绿色能源系统能够安全、稳定、可靠的运行，同时还要对各用电设备进行有效控制，合理用电、节约用电。

2. 室内空气调控系统

为了达到绿色建筑气环境和热环境的要求，设置了室内空气调控系统，利用直接数据控制器进行分布实时调控，以达到室内气环境的各项指标。该系统设有空调监控、采暖监控、太阳能热水监控、自然风和光线调控等分支系统。

3. 水环境监控系统

绿色建筑专门设有用水智能监控系统，根据用水监控需求，下设给水、饮用水、雨水收集、中水以及污水处理等分支调控系统。

4. 信息网络系统

国际互联网、国家电信网、卫星通信网与人们的工作、生活息息相关，绿色住宅设有信息网络系统，用以传输并获取语音、数据、图像信息，具备远程医疗、远程教育、网站查询、网上购物、电子邮件等多种功能；并能获取电视信息、电话信息，实现可视电话、VOD点播、双向传输等。信息网络系统一般有计算机网络、通信网络、有线电视网络三个分支系统。为了方便住宅楼宇机电设备的智能化管理，在信息网络系统中，还有楼宇管理专用网络，以适应系统集成的需要。

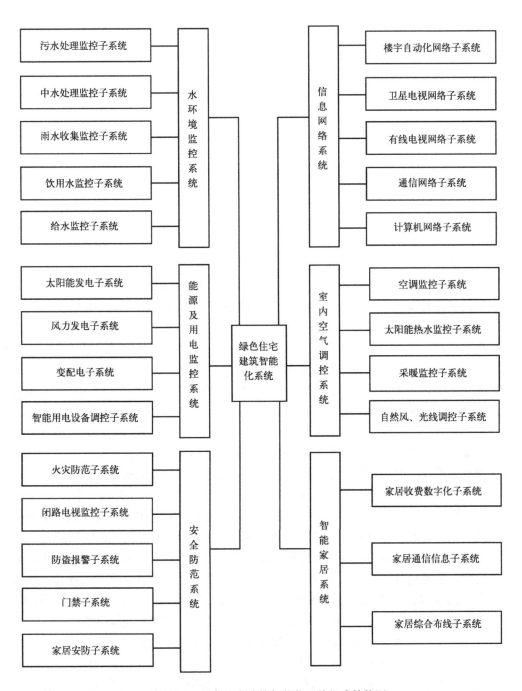

图 3.2.4 绿色住宅建筑智能化系统组成结构图

5. 安全防范系统

加强安全防范、确保住户安全是现代建筑的重要任务。随着科学技术的发展，利用信息技术、微电子技术，完全可以实现安全、可靠、全天候的防范。在一座大厦或一个住宅小区里，人员多、情况复杂，不仅要对外部人员进行防范，而且要对内部人员加强管理。对于重要场所，还需要加以特殊保护。因此，住宅小区需要多层次、全天候、立体化的安全防范系统，它包括火灾防范、闭路电视监控、防盗报警、门禁、家居安防等多个子系统。

6. 家居智能化系统

家居智能化系统是为满足公寓和小区智能化需要而设置的系统，它必须具备网络高速接入功能，有足够的带宽；有火灾、煤气泄漏、防盗等报警，以及紧急求救、呼叫对讲等家居安全监控功能；能实现水、电、气、热的远程抄表与计费。绿色住宅未来的家用电器，包括冰箱、空调、洗衣机、微波炉、电饭煲等，均可连在互联网上，住户可通过手机无线上网，随时进行远程控制，通过连接在互联网上的家用 IP 摄像机可观察到家中的情况。

3.3 绿色工业建筑的智能化

3.3.1 工业建筑及其分类

工业建筑指专供生产使用的建筑物、构筑物，是为生产产品提供工作空间场所、满足生产活动需要的建筑类型。工业建筑涉及范围宽泛，从轻工业到重工业，从小型到大型，从生产车间到设备设施，凡是从事工业生产的建筑物与构筑物均属于这个范畴。

工业建筑可按建筑层数来分为三类：

1. 单层厂房，主要用于重型机械制造等重工业，其设备梯基大、重量重，厂房以水平运输为主。厂房内一般按水平方向布置生产线。

2. 多层厂房，主要用于轻工业类的生产企业，多用于电子、化纤等轻工业，其设备较轻，体积较小，运输以电梯为主。多层厂房层高一般为 4～5m，多采用钢筋混凝土框架结构体系，或预制、或现浇、或二者相结合，也广泛采用无梁楼盖体系，如升板等类型。

3. 层数混合厂房，主要用于化工类的生产企业，多用于热电厂、化工厂、热电站等。

工业建筑在 18 世纪后期最先出现于英国，后来在美国以及欧洲一些国家，也兴建了各种工业建筑。苏联在 20 世纪 20～30 年代，开始进行大规模工业建设。中国在 20 世纪 50 年代开始大量建造各种类型的工业建筑。自工业建筑产生之初就一直与工业革命的新技术成果、新型材料、空间结构体系、工业化施工方法等密切相连，成为反映时代发展、体现科技进步的载体。随着时代的变迁和工业技术的发展，现代工业建筑不仅是进行生产活动的场所，也是提升企业形象、营造企业文化的广告标志。因此，现代工业建筑既要满足生产工艺的要求，又要满足建筑技术、建筑艺术、建筑环境、建筑空间和色彩等要求，并将各方面进行整合，构成独特的建筑形态，从而形成一个重要的建筑类型。

近代工业生产技术发展迅速，生产体制变革和产品更新换代频繁，厂房在向大型化和微型化两极发展，同时普遍要求在使用上具有更大的灵活性。工业建筑的基本属性有：

1. 适应建筑工业化的要求。扩大柱网尺寸，平面参数、剖面层高尽量统一；楼面、地面荷载的适应范围扩大；厂房的结构形式和墙体材料向高强、轻型和配套化发展。

2. 适应产品运输的机械化、自动化要求。为提高产品和零部件运输的机械化和自动化程度，提高运输设备的利用率，尽可能将运输荷载直接放到地面，以简化厂房结构。

3. 适应产品向高、精、尖方向发展的要求，对厂房的工作条件提出更高要求。如采用全空调的无窗厂房（也称密闭厂房），或利用地下温湿条件相对稳定、防震性能好的地下厂房。地下厂房现已成为工业建筑设计中的一个新领域。

4. 适应生产向专业化发展的要求。不少国家采用工业小区（或称工业园地）的做法，或集中一个行业的各类工厂，或集中若干行业的工厂，在小区总体规划的要求下进行设计，小区面积由几十公顷到几百公顷不等。

5. 适应生产规模不断扩大的要求。因用地紧张，多层工业厂房日渐增加，除独立的厂家外，多家工厂共用一幢厂房的"工业大厦"也已出现。

6. 提高环境质量的要求。除了为满足洁净生产工艺的要求、建设洁净厂房外，为了保护环境，工业建筑中环境保护装备和污染物处理车间所占比重增加，已成为工业建筑设计的重要组成部分。

3.3.2 绿色工业建筑的特点

绿色建筑设计的理念已深入到工业建筑设计领域，目前许多产业基地项目设计，很大程度上体现了工业建筑设计以人为本、可持续发展、保护生态的绿色建筑本质；强调由内到外的理性构成、组合，应用新技术、新材料，创造简洁明快的形体，体现现代工业时代气息。

绿色工业建筑在工业建筑的全寿命周期内，最大限度地节能、节地、节水、节材，保护环境和减少污染，为生产、科研人员提供适用、健康安全和高效的使用空间，是与自然和谐共生的工业建筑。绿色工业建筑具有如下特点：

1. 注重可持续发展，尊重自然，保护生态，节约自然资源和能源，最大限度地提高建筑资源和能源的利用率，尽可能减少人工环境对自然生态平衡的负面影响。为此，绿色工业建筑应利于工作人员的身心健康，避免或最大限度地减少环境污染，采用耐久、可重复使用的环保型绿色建材，充分利用清洁能源，并加强绿化，改善环境。

可持续发展的工业建筑设计有以下几个方面的内容：

1）绿色设计。从原材料、工艺手段、工业产品、设备到能源的利用，从工业的营运到废物的二次利用等所有环节都不对环境构成威胁。绿色设计应摒弃盲目追求高科技的做法，强调高科技与适宜技术并举。

2）节能设计。节能是可持续发展工业建筑的一个最普遍、最明显的特征。它包括两个方面，一是建筑营运的低能耗；二是建造工业建筑过程本身的低能耗。这两点可在利用太阳能、自然采光及新产品的应用中体现。

3）洁净设计。洁净设计是强调在生产和使用的过程中做到尽量减少废弃污染物的排放并设置废弃物的处理和回收利用系统，以实现无污染。这是工业建筑可持续发展的重要措施，强调对建设用地、建筑材料、采暖空调等资源、能源的节约、循环使用，其中最重要的是循环、再生使用。因此，有效地利用资源和能源，满足技术的有效性和生态的可持续发展、建造"负责任的"、具有生态环境意识的工业建筑成为必然。

2. 保证良好的生产环境。满足生产工艺要求是工业建筑设计方案的基本出发点。同时，工业建筑还需具备：

1）良好的采光和照明。一般厂房多为自然采光，但采光均匀度较差。如纺织厂的精纺和织布车间多为自然采光，但应解决日光直射问题。如果自然采光不能满足工艺要求，才辅以人工照明。

2）良好的通风。如采用自然通风，要了解厂房内部状况（散热量、热源状况等）和当地气象条件，设计好排风通道。某些散发大量余热的热加工和有粉尘的车间（如铸造车间）应重点解决好自然通风问题。

3) 控制噪声。除采取一般降噪措施外，还可设置隔声间。

4) 对于某些在温度、湿度、洁净度、无菌、防微振、电磁屏蔽、防辐射等方面有特殊工艺要求的车间，则要在建筑布局、结构以及空气调节等方面采取相应措施。

5) 要注意厂房内外整体环境的设计，包括色彩和绿化等。

3. 空间和使用功能应适应企业发展的变化，要求建筑空间具有包容性，功能具有综合性，使用具有灵活性、适应性和可扩展性。同时，绿色工业建筑具有独特的建筑技术和艺术形式表达现代生态文化的内涵和审美意识，创造自然、健康、舒适、具有传统地方文化意韵和现代气息的建筑环境艺术。

4. 在工业建筑的全寿命周期中实现高效率地利用资源（能源、土地、水资源、材料等）。所谓全寿命周期指的是产品从孕育到毁灭整个生命历程，对建筑物这个特殊产品而言，就是指从建材生产、建筑规划、设计、施工、运营维护及拆除、回用这样一个孕育、诞生、成长、衰弱和消亡的过程。初始投资最低的建筑并不是成本最低的建筑。建设初期为了提高建筑的性能必然要增加一部分初始投资，如果采用全寿命周期模式核算，将在有限增加初期成本的条件下，大大节约长期运行费用，进而使全寿命周期总成本下降，并取得明显的环境效益。按现有的经验，增加初期成本5%～10%用于新技术、新产品的开发利用，将节约长期运行成本的50%～60%。此外，绿色工业建筑应在方案设计过程前期就引入采暖、通风、采光、照明、材料、声学、智能化等多个技术工种的参与，提倡一种在项目前期就有多个工种、多个责任方参与的"整体设计"或者"参与设计"理念，以真正实现节能环保的建设目标。

5. 注重智能化技术的应用。当前，人们普遍谈论的建筑智能化，主要指民用建筑。实际上，工业建筑，特别是研究生产高新技术产品现代化工厂和实验室，其智能化系统应用也是相当广泛的。工业建筑的智能化与民用建筑相比，有相同、相似之处，也有其自身特点。工业建筑范围很广，要求各不相同，如何达到产品生产所需的环境要求，符合动力条件，以及工厂如何安全、高效、可靠、经济运行，以确保产品成品率和产品可靠性、长寿命及达到设计产量，是工业建设的目标。作为满足这些功能与技术要求的重要措施之一的智能化系统，必须是成熟、实用、可靠及先进的技术和产品，并具有开放、可扩展、可升级及兼容性。

3.3.3 绿色工业建筑的设备与设施

工业建筑在设计及建设时，应贯彻执行国家在工业领域对节能减排、环境保护、节约资源、循环经济、安全健康等方面的规定与要求。当前，大量的新设备、新工艺、新技术的研究和应用为实现工业建筑绿色化提供了丰富的手段。

1. 空调及冷热源

目前国内采用中央空调的工业建筑普遍存在着能耗高的问题。工业建筑空调系统的能耗主要有两个方面，一是向空气处理设备提供冷热量的冷热源能耗，如压缩式制冷机耗的电，吸收式制冷机耗的蒸汽或燃气消耗，锅炉的煤、燃油、燃气或电消耗等；另一是向房间送风和输送空调循环水的风机和水泵所消耗的电能。因此，绿色工业建筑的节能可以从这两方面入手。通过提高建筑的保温性能、选择合理的室内设计参数、控制合理使用室外新风等手段减少冷热负荷；通过降低冷凝温度、提高蒸发温度、制冷设备优选等措施提高冷源效率；减小阀门和过滤网阻力、提高水泵效率、确定合适的空调系统水流量、使用变频水泵等减少水泵电耗；定期清洗过滤器，定期检修（皮带、工作点是否偏移、送风状态是否合适等），降低风机能耗等。

此外，空调系统控制的自动化也是节能措施之一。目前很多工业建筑的空调系统未设自控，也有很多工业建筑的空调自控系统因年久失修而弃用，这使得空调系统的运行效率降低。特别是面积较大的工业建筑，可能有几十台空调、新风机组、风机、水泵等设备，运行管理人员每天忙于启停设备，无法适时地调整设备的运行参数。如果空调系统加装了自控系统，即使是最简单的自动启停控制，也可以节省许多空调能耗。

2. 建筑用水

工业用水主要包括冷却用水、热力和工艺用水、洗涤用水等。工业冷却水用量占工业用水总量的80%左右，取水量占工业取水总量的30%～40%，发展高效冷却节水技术是工业节水的重点。热力和工艺系统用水分为锅炉给水、蒸汽、热水、纯水、软化水、脱盐水、去离子水等，其用水量仅次于冷却用水。工业生产过程中洗涤用水分为产品洗涤、装备清洗和环境洗涤用水。大力发展和推广工业用水重复利用技术、提高水的重复利用率是工业节水的首要途径。

此外，工业用水应重视计量管理技术和系统的应用，如配置计量水表和控制仪表；推广建立用水和节水计算机管理系统和数据库；鼓励开发生产新型工业水量计量仪表、限量水表和限时控制、水压控制、水位控制、水位传感控制等控制仪表。

3. 动力与照明

工业建筑的电气设计与民用建筑不同。工业建筑一般单层层高较高，单间面积大，动力负荷多，设计时需从高压气体放电灯照明、明敷设线路、动力设备配电、电动机控制原理等方面综合考虑。工业设备用电属动力用电，需另外单独引入电源并预留。

工业建筑根据建筑功能和视觉工作的要求，选择合理的照明方式和装置，创造良好、节能的室内光环境。照明的节能效果与灯具及灯源的选择密切相关，在照明设计中采用荧光灯作为照明灯具时，可以通过选择荧光灯管类型而达到降低功率密度值的目的。工业厂房可采用荧光灯光带（槽式灯）或气体放电灯具，一般采用普通照明结合局部照明。根据《建筑照明设计标准》的第3.3.5条和第7.2.10条规定，照明灯具都应该采取节能措施，即单灯的无功功率补偿，功率因数一般不低于0.9。

4. 除尘

工业建筑的除尘系统指捕获和净化生产工艺过程中产生的粉尘的局部机械排风系统。包括冶金工业中的转炉、回转炉、手炉，机械工业中的铸造、混砂、清砂，建材工业中的水泥、石棉、玻璃，轻工业中的橡胶加工、茶叶加工、羽绒制品等场合。系统一般由排尘罩、风管、风机、除尘设备、收集输送粉尘等设备组成。一个完整除尘系统的工作过程为：

1）用排尘罩捕集工艺过程产生的含尘气体；
2）捕集的含尘气体在风机作用下，沿风道输送至除尘设备；
3）在除尘设备中将粉尘分离出来；
4）净化后气体排至大气；
5）收集与处理分离出来的粉尘。

为保障系统正常运行，防止再次污染，应对收集下来的粉尘做妥善处理。原则是减少二次扬尘,保护环境与回收利用。根据生产工艺条件、粉尘性质、回收利用价值,可采用就地回收、集中回收处理和集中废弃等方式。

5. 工业建筑智能化

工业建筑智能化系统不仅为人们提供舒适、便利的生产环境,还具有可持续发展的节能功效。在我国以往的工业建筑设计中侧重于考虑了工艺流程和生产的需要,如何在工业建筑体现"以人为本",是工业建筑智能化的主要思路。工业建筑中的智能化系统包括通信网络系统(CNS)、办公自动化系统(OAS)、建筑设备自动化系统(BAS)、消防自动化系统(FAS)、安全防范系统(SAS)、有害物质检测系统(HPM)、射频识别系统(RFID)等。同时,工业建筑一体化集成管理系统IBMS将各分系统通过高速网络进行统一集成,对整个工厂实现综合智能管理。

3.3.4 绿色工业建筑中的智能化应用

绿色和智能是现代工业建筑追求的两个主要目标。将智能与绿色合二为一,以智能化推进绿色工业建筑,以绿色理念促进智能,可以体现现代工业在节约能源、减少污染、安全舒适等方面的追求。把绿色工业建筑和智能工业建筑这两个概念相结合,即坚持绿色智能工业建筑的理念,才能使企业真正达到可持续发展的目标。

智能化手段是绿色工业建筑的技术支撑,绿色工业建筑的智能化应用包括:

1. 建筑设备自动监控系统(BAS)

民用建筑中BAS系统通常是针对舒适性空调、给水排水系统、冷热源、电力、照明及电梯等设备监控。对工业建筑来说,除上述功能外,为满足生产需要,还增加了净化空调系统、洁净区风机高效过滤器系统、各种气体系统、各种工业用水系统、工艺冷却水系统、各种排风系统(如工艺排风、洗涤排风、有机溶剂排风等)、工业废水、废气处理系统等。

目前,已有许多成熟可靠的技术和产品应用于工业建筑的BAS系统。尽管各厂家产品不尽相同,但基本上都是由DDC/PLC、工业控制机、网络控制器、各种模块及设备构成。从技术发展情况来看,采用分散控制、集中管理的集散系统由于可靠性高、经济、灵活、易于扩展,占据了应用的主流。

2. 有害物质检测控制系统(HPM)

工业生产常常需要使用各种危险物品,例如可燃气体(蒸汽)、有毒气体、腐蚀性液体等。储存、使用场所及输送管道中均可能发生泄漏或液体异常情况。有必要采用有害物质检测控制系统对气体、液体泄漏、某些液体液位进行监测和控制。HPM系统是保障工业生产安全的重要系统,其技术特点与BAS系统有些类似,控制对象一般为机电设备,检测点、控制点多而分散,监控比较复杂。

HPM系统将现场各种探测器、传感器、开关、模块、执行机构(有的还包括电机控制中心MCC)等设备连接到集采集和控制功能于一体的程序逻辑控制器(PLC),各PLC通过网络与HPM系统主机相连。各种现场设备至PLC一般采用星形拓扑结构布线,并根据不同的传输信号选用相应的线缆,提高可靠性。除通过探测器、传感器、开关等获取信息外,一些重要位置还要设置人工手动报警点,在紧急情况时进行手动报警。

发生泄漏等事故后,HPM系统启动对应泄漏声光警报装置,联动阀门、泵、风机,并打印相关记录。对某些特别重要设备,还采用硬接线,实现从总控室人工进行控制。某些场合采用探测器（传感器）直接联动控制相应设备。

3. 办公自动化系统（OAS）

办公自动化是将现代化办公和计算机网络结合起来的一种新型的办公方式。系统采用Internet/Intranet技术，基于工作流的概念，以计算机为中心，采用一系列现代化的办公设备和先进的通信技术，广泛、全面、迅速地收集、整理、加工、存储和使用信息，使企业内部人员方便快捷地共享信息，高效地协同工作，为科学管理和决策服务，从而达到提高行政效率的目的。一个企业实现办公自动化的程度也是衡量其实现现代化管理的标准。

具体来说，办公自动化系统主要实现下面七个方面的功能：

1) 建立内部的通信平台；
2) 建立信息发布的平台；
3) 实现工作流程的自动化；
4) 实现文档管理的自动化；
5) 辅助办公；
6) 信息集成；
7) 实现分布式办公。

应采用标准化程度高，开放程度好的办公自动化技术，关键应用需自主开发。在技术结构方面，目前逐渐从Client/Server结构体系转向Browser/Server结构体系，最终用户界面统一为浏览器，应用系统全部部署在服务器端。

4. 无线射频自动识别技术（RFID）

RFID是Radio Frequency Identification的缩写，即射频识别，俗称电子标签。RFID射频识别是一种非接触式的自动识别技术，它通过射频信号自动识别目标对象并获取相关数据，识别工作无须人工干预，可工作于各种恶劣环境。RFID技术可识别高速运动物体并可同时识别多个标签，操作快捷方便。RFID系统常常用于控制、检测和跟踪物体。系统由一个询问器（或阅读器）和很多应答器（或标签）组成。

在工业建筑领域，RFID技术的绿色和节能效用主要体现在停车管理、危险品管理、仓库管理等方面。借助RFID技术对进出企业场所的车辆通行实行不停车识别和管理，可以大量降低停车排队时间、减少机动车通行时的燃油消耗、减少尾气排放，实现低碳减排，节能环保；通过RFID技术对危险品信息进行统一采集管理，可以实现对危险品的高效分类，避免引起安全事故，同时可防止人工管理发生漏洞而引起的意外；将RFID技术应用在工业品仓库和仓储管理，可以大大降低管理人员的工作强度，减少时间损耗，提高管理效率，降低安全风险，减少物资浪费，实现绿色生产。

5. 信息集成管理系统

绿色工业建筑智能化管理的核心是信息一体化的集中管理，通过集成管理系统把智能建筑中各子系统集成为一个"有机"的系统，其接口界面标准化、规范化，用以完成各子系统的信息交换和通信协议转换，可实现设备管理、节能效率统计、联动管理、节能监视等功能，最终达到集中监视控制与综合管理的目的。

经过管理平台集成后的系统，不是将原来各系统简单进行叠加，而是各子系统的有机结合，运行于同一操作平台之下，提高系统的服务与管理水平。

第4章 绿色建筑智能化应用基础

4.1 BA控制技术

4.1.1 BA系统概述

BA系统即楼宇自控系统（BAS：Building Automation System），又称为建筑设备自动化系统，它是在综合运用自动控制、计算机、通信、传感器等技术的基础上，实现建筑物设备的有效控制与管理，保证建筑设施的安全、可靠、高效、节能运行。

BA系统主要实现设备运行监控、节能控制及运营优化管理三大功能：

1. 设备运行监控是楼宇自控系统的首要和基本功能。BA系统采用集散控制系统，利用分散在控制现场的控制器完成设备本身的控制；通过现场总线实现设备之间的通信和互操作；中央控制站集中显示和管理各控制点的状态和参数，并对整个系统进行控制和配置。通过有效的设备运行监控，BA系统可以实现建筑设备的自动、远程控制，减少人力，加快系统响应时间和控制精度，同时方便物业人员对整个系统的把握和处理。

2. 节能降耗是全球环境保护和可持续发展的首要手段。BA系统通过冷热源群控、最优启停、焓值控制、变频控制等手段，可以有效节约建筑设备运行能耗20%～30%。同时，BA系统通过减少设备运行时间或降低设备运行强度实现节能，可在一定程度上降低设备的磨损与事故发生率，大大延长设备的使用寿命，减少设备维护与更新费用。

3. 随着数据分析、数据挖掘等信息技术的发展，BA系统开始由单纯的自动控制功能，向自动控制、信息管理一体化发展。将BA系统采集的数据进行有效存储、分析，有利于发现建筑设备的设计缺陷或运行故障，为今后建筑设备改造及在线故障诊断提供依据。设备运行信息的综合分析有利于物业设施管理的设备故障诊断、设备运行状态优化、设备维护保养、降低设备能耗、提高服务质量等诸多工作项目。

BA系统属于一种集散控制系统（DCS：Distribute Control System）。所谓集散控制系统就是集中管理、分散控制，其基本结构包括分散的过程控制装置、集中的操作管理装置以及通信网络三部分。

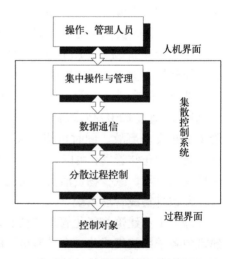

图4.1.1-1 集散控制系统结构图

如图4.1.1-1所示，对于BA系统而言：

● 所谓分散的过程控制装置就是各种DDC或PLC控制器。这些控制器安装在控制现场，具有较强的抗干扰能力，就地实现各种设备监控功能。

● 数据通信方面，DDC和PLC之间通过通信网络进行连接，使得不同控制器之间可以相互交换数据，实现互操作。

● 集中操作和管理设备即各种服务器、工作站、Web 工作站等。通过这些设备，操作管理人员可以通过友好的人机界面实现设备状态查看及控制、数据信息收集和管理、报警管理、报表生成等。

图 4.1.1-2 为典型的 BA 系统网络结构图：

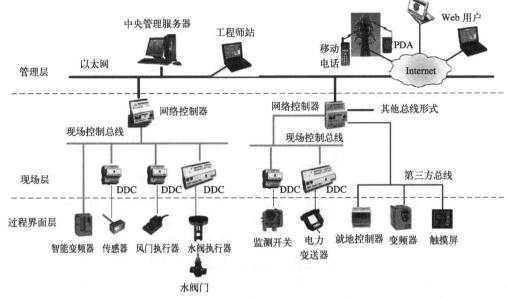

图 4.1.1-2　典型 BA 系统网络结构图

BA 系统已从最初的单一设备控制发展到今天的集综合优化控制、在线故障诊断、全局信息管理和总体运行协调等高层次应用为一体的集散控制方式，已将信息、控制、管理、决策有机地融合在一起。但是随着工业以太网、基于 Web 控制方式等新技术的应用以及人们对节能管理、数据分析挖掘等高端需求的深化，BA 系统仍处在一个不断发展和自我完善的过程中。

4.1.2　BA 系统与节能

节能降耗属于 BA 系统的主要功能之一。BA 系统自产生以来，就一直与节能降耗密不可分。随着全球对于能源问题的关注，人们对 BA 系统的节能降耗效果越来越重视。

BA 系统节能设计首先需了解建筑设备设计原理，在此基础上对一些直接影响控制效果和能源效率的参数进行校验，如存在问题则通过一些简单的措施（如加装平衡阀、变频器、占用传感器等）进行弥补或直接要求建筑设备进行改造，避免不必要的能源浪费；然后需根据建筑设备的工作原理及参数特性设计优化节能控制策略，尤其对于一些比较复杂的节能型空调设备（如一次变流量水系统、VAV 变风量系统、地送风系统等），能够完全实现建筑设备的设计功能和逻辑本身就是实现了节能降耗。

从基于就地单回路控制的闭环调节、控制参数调节范围限制、温度自适应控制等简单措施，到基于集散控制系统的冷热源群控、VAV（Variable Air Volume，变风量系统）、焓值控制等系统控制策略，以及基于系统集成的业务流程、设备控制整体优化，BA 系统通过对建筑设备的优化控制可为用户节约 20%～30% 的能源。

BA 系统收集了大量建筑设备运行及能耗数据，通过对这些数据的分析利用，可以帮助用户发现建筑设备甚至建筑结构中存在的问题，指导用户进行维护、改造，从而提高建筑结构、建筑设备本身的能源效率、减少能源浪费。有时这部分能够节约的能源甚至大于通过优化控制实现的节能。

由此可见，BA 系统主要通过优化控制和指导设备改造两方面贡献于建筑节能。

4.1.3 BA 系统节能的基本方式

BA 系统绿色节能，人们往往首先想到的各种先进、复杂的控制算法、数据分析/数据挖掘等高技术含量策略。而事实上，BA 系统节能降耗首先应该是通过其基本功能减少建筑设备系统中的能源浪费。

4.1.3.1 变频节能技术

暖通空调设计中，设计容量往往根据建筑物相关区域的尖峰负荷进行计算，并增加一定的裕量范围。然而由于尖峰负荷难以确定，因此往往采用估算的方法，并增大裕量范围以保证设计容量可以满足实际尖峰负荷需求。在很多工程中，这种粗略的估算往往会使得设计容量远远大于实际尖峰负荷需求。即使设计容量计算正确，建筑物每年达到尖峰负荷的时间也非常有限，因此建筑设备绝大多数时间仍处于低负荷运行状态。

在低负荷运行状态下，与传统的通过风阀或水阀改变管路特性曲线不同，风机/水泵变频技术通过改变泵的特性曲线实现流量调节，同时节约能源。如图 4.1.3 所示，当采用传统以风阀、水阀增加管路阻力的方式对流量进行调节时，风机/水泵在输出流量下降的同时，输出压头上升，导致节能效果并不明显；而通过变频调速进行流量调节时，由流体力学可知典型的风机/水泵其输出流量与转速成正比，输出压头与转速成平方比，轴功率等于输出流量与输出压头的乘积，故与风机/水泵的转速成立方比关系。

表 4.1.3 为通过某典型水泵在不同频率下的理论参数数据，而同样对于限流至 80% 额定流量，如采用传统的水阀节流方式，经测试其节电率仅为 3% 左右。

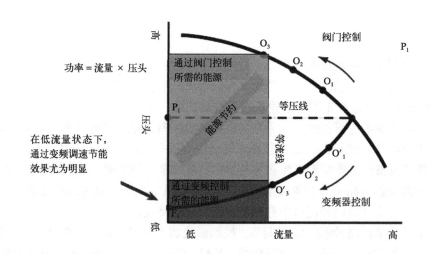

图 4.1.3　典型风机/水泵曲线

某典型水泵在不同频率下的理论参数表　　　　表4.1.3

频率f（Hz）	转速N%	流量Q%	扬程H%	轴功率P%	节电率
50	100%	100%	100%	100%	0.00%
45	90%	90%	81%	72.9%	27.10%
40	80%	80%	64%	51.2%	48.80%
35	70%	70%	49%	34.3%	65.70%
30	60%	60%	36%	21.6%	78.40%
25	50%	50%	25%	12.5%	87.5%

此外，除能源节省这一显性效益外，变频调速还可带来如下隐性效益：

● 实现了电机的软启软停，消除电机启动电流对电网的冲击，减少了启动电流的线路损耗（部分在启动时的启动电流将达到额定电流的 7 倍之多）；

● 消除了电机因启停所产生的惯动量对设备的机械冲击，大大降低了机械磨损，减少设备的维修，延长了设备的使用寿命；

● 空调水泵的软启软停克服了原来停机时的水槌现象。

由于变频调速会产生电磁干扰、电网高磁谐波污染等问题，因此在产品选型时一定要注意以下几点：

● 相关 EMC 滤波及高次谐波滤波设备的选择；

● 尽可能选择网络通信方式，以避免由于电磁干扰导致电机运行频率波动；

● 变频调速的频率控制依据和传感器采样点选择至关重要，如选择不当有可能导致节能效果不尽如人意或送风/供水不足等情况。

4.1.3.2　时间表控制及占用状态检测

在建筑物使用过程中存在大量的能源浪费现象，如无人会议室照明、空调、投影的开启，公共区域非工作时间照明长亮，大开间办公室在少数人加班甚至无人时照明、空调全部开启等。

通过时间表控制及占用状态检测可以有效地减少能源浪费现象：

1）对于使用时间固定的场所（如办公楼公共区域照明、大型会议室等），可采用时间表控制程序对建筑设备进行控制，保证非工作或预约时间设备自动关闭；

2）对于使用时间与占用状态相关，且专用状态随机性较大的场所（如酒店走道、个人办公室等），可采用占用状态对建筑设备进行启停或负荷调节控制，保证非占用状态时设备自动关闭或进入低功耗运行模式；

3）对于部分时间使用状态固定、其他时间随机性较大的场所（如大开间办公区域等），可采用时间表结合占用状态的方法进行控制。在使用状态固定时段（如大开间办公区域的工作时间），设备常开，其他时段设备根据占用状态进行控制。此时对设备的控制可通过红外双鉴探测器等传感设备实现自动检测、控制和通过温控面板上的"旁通按钮"进行人工切换两种方式实现。前者无需人为介入，可自动切换有人/无人运行模式，但容易在人员长期静止不动时误关建筑设备。后者不会产生建筑设备误关现象，但需要人员定期介入进行状态强制；

4）对于部分未纳入BA系统，以就地为主的区域，为防止能源浪费情况，可采用非工作时间、非占用状态设备运行报警的方式要求物业人员介入检查。即当非工作时间，BA系统检测到相关区域处于非占用状态，然而设备处于运行状态时（可通过电流开关或相关能源计量设备判断设备运行状态），向物业人员发出提示，要求物业人员至现场检查相应区域状态。

4.1.3.3 末端设备的选择及现场安装

末端设备是BA系统中最易被忽视的部分，由于末端设备选型、安装错误造成的能源浪费现象非常普遍。以下仅列出部分选型及安装过程中应注意的问题。

- 风机盘管水阀驱动器选型。对于一些依靠插卡取电（包括风机盘管电源）的酒店系统，应选用弹簧复位水阀驱动器。以避免拔卡后水阀仍然保持在开启状态，浪费水系统能源。
- 水阀及驱动器选型应确保其关断压力能够关断水流，以避免能源浪费及温度失控。
- 在温度传感元件位于温控器内时，应注意将温控器安装于空调设备控制区域内（避免集中安装），并避免其他热源、阳光直射及气流死角。
- 安装风、水管温度传感器时，应注意将敏感元件插入风、水管直径的1/3至1/2处；尽可能选择风、水流平稳区域，避免死角；保证敏感元件与被测介质充分接触；保证风、水管道的保温效果。
- 安装压力、压差传感器时，应区分风管、水管和室内/外；宜安装在温、湿度传感器上游侧；宜选择气流、水流平稳区域，避免死角；风管安装宜在风管保温层完成后进行，水管宜于工艺管道预制和安装同时进行；安装压差开关时，宜将薄膜处于垂直平面位置；开孔不宜太大，保证工艺及美观要求；需便于维护调试。
- 安装水流量开关、传感器时宜选择水流平稳区域，避免死角；流量计宜安装在调节阀上游，流量计上游至少10倍管径，下游5倍；宜于工艺管道预制和安装同时进行；尽可能安装在水平管段；对于涡轮流量计流体的流动方向必须与传感器壳体上所示的流向标志一致；避免安装在有较强交直流磁场、热磁场或剧烈振动的场所；流量计、被测介质及工艺管道三者之间应该连成等电位，并合理接地；开孔不宜太大，保证工艺及美观要求；便于维护调试。

4.1.3.4 风、水平衡

风、水平衡严格意义上属于暖通空调设备的范畴，由于风、水不平衡造成的能源浪费严重，如：

- 水力不平衡造成的抢水现象；
- 变风量系统中由于末端不平衡造成的送风不足或静压过高；
- 大空间空调中非人员活动区域造成的能源浪费等。

虽然BA系统无法从根本上解决此类问题，但是BA系统通过专用软件分析获得的数据，可以发现暖通空调的类似问题，并指导其进行改造。同时，BA系统通过限制部分风、水阀的开度范围也可作为相应的解决方案。此外，建议BA系统设计人员早期介入暖通设计，以有效防止此类问题的产生。

4.1.4 BA系统节能的综合控制策略

除通过其基本功能减少建筑设备能源浪费外，BA系统还可以通过优化控制策略实现主动节能增效。BA系统的监控对象众多，本节仅对建筑设备中能源消耗量大、监控复杂的冷热源及空调风系统进行说明，同时讨论呼吸墙、遮阳、智能照明与空调系统联动所能产生的节能效果。

4.1.4.1 冷热源群控

所谓冷热源群控就是综合考虑负荷侧需求、设备参数及室外气象条件，对相关设备的运行流程及运行状态进行综合控制，保证整个系统运行的经济性和可靠性。

冷热源群控策略包括设备连锁控制、机组投运台数及出水温度再设定控制、冷冻水/空调热水循环控制及冷却水循环控制（仅适用于冷水机组系统）等几部分。实际工程中，锅炉机组多采用就地控制，一般不纳入BA系统群控策略，故不在此讨论。

1. 设备连锁控制

冷热源系统涉及众多冷热源设备（冷水机组、热泵机组等）、冷却塔、水泵及各类蝶阀、调节阀等。

对于非变频设备，工程中多采用一一对应的控制方式，即一台冷热源机组对应一台冷冻水/空调热水泵、一台冷却塔（仅对于冷水机组系统）、一台冷却水泵（仅对于冷水机组系统）以及相关传感器和阀门设备。这些设备都具有相关的启停顺序及联动关系。

对于冷水机组系统而言，其启动原则为首先启动冷却水侧设备、然后启动冷冻水侧设备、最后启动冷水机组。具体而言，要开启一台冷水机组的启动顺序为：开启对应冷却塔风机→开启冷水机组冷却水侧蝶阀及对应冷却塔蝶阀→开启对应冷却水泵→开启冷水机组冷冻水侧蝶阀→开启对应冷冻水泵→待冷水机组冷冻水、冷却水两侧流量开关均检测到稳定水流后开启冷水机组。冷水机组的停机顺序与开机顺序相反，即要关闭一台冷水机组的启动顺序为：关闭冷水机组→延时一段时间→关闭对应冷冻水泵→关闭冷水机组冷冻水侧蝶阀→关闭对应冷却水泵→关闭冷水机组冷却水侧蝶阀及对应冷却塔蝶阀→关闭对应冷却塔风机。

对于风冷热泵，只需将上述流程中冷却水侧设备去除即可。对于地源及水源热泵，请参见本书5.9节地源热泵的监控部分。

除设备启停顺序外，设备连锁控制还包括故障处理程序。在部分设备发生故障时，自动启动备用设备或其他可用设备保证系统正常运行。此外，为保证所有设备的寿命及能效一致性，备用设备和常用设备应定期互换，这一功能也应包含在连锁控制程序模块中。

2. 机组投运台数及出水温度再设定

在冷热源机组投运台数方面，BA系统的群控策略包括两大类：

第一类，将冷热源设备作为一个黑箱进行控制，仅通过机组容量和冷、热源的进、出水温度及流量制定加、减机策略，实现投运台数控制。当出水温度无法满足设定温度要求或者进/出温差超过一定范围、且这一状态持续一定时间（一般为15至30分钟）后，执行加机运行策略；当由冷热源进/出水温度及流量计算出的冷热量输出大于目前运行机组额定输出容量总和，剩余部分大于目前运行某台机组额定容量（一般达到其额定容量的110%~120%），或者通过流量计算判断出流过旁通管路的流量大于某台机组的额定流量（一般达到其额定容量的110%~120%），且这一状态持续一定时间（一般为15至30min）后，执行减机运行策略。

第二类，需要读取冷热源设备的部分内部运行参数，充分考虑冷热源在不同负荷率以及环境下的能效比,从而综合制定加减机策略。目前比较常用的策略是通过读取冷水机组或热泵机组压缩机的电流百分比作为加、减机控制依据。典型冷水机组及热泵机组的能效特性曲线如图4.1.4-1所示。由图可见,机组在60%～90%负荷率(近似压缩机的电流百分比)时,处于较高能效比,而在80%附近机组的能效比最高。由此产生的加、减机控制策略为:在当前运行机组的压缩机电流百分比大于某设定值(一般设在90%左右),且这一状态持续一定时间(一般为15至30分钟)后,判断需要执行加机运行策略;当前运行各机组的压缩机电流百分比乘以机组额定容量之和,除以当前运行机组(除额定容量最小机组外)的额定容量之和,如果这个结果小于某设定值(一般设在80%左右),且这一状态持续一定时间(一般为15至30分钟)后,判断需要执行减机运行策略。

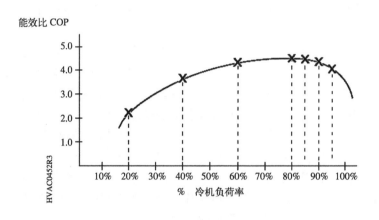

图4.1.4-1 冷水机组能效比特性曲线图

以上控制策略仅确定了系统是否需要加、减机,具体加减哪台机组需由机组容量(对于各台机组额定容量不同时,需针对具体容量差异制定相关策略。各工程需独立订制)及累计运行时间共同决定。

此外,在第二类控制策略中还可以通过出水温度再设定进一步优化机组能效比。根据机组当前的负荷率、供水设定值及回水温度,按照机组厂商提供的特性曲线或者数据、公式,可计算出机组在当前负荷下的最优出水温度,以提高机组运行能效。

可见,第一类控制策略无需机组开放任何运行参数,简单易行,但是没有考虑机组在不同负荷率下的能效比变化;第二类控制策略能够保证机组尽可能运行在较高能效比运行工况,但是需要在机组采购前期与机组厂商确定需要开放的相关参数及接口形式。此外,机组的能效比还受到参数(如室外环境温/湿度、冷却水回水温度等)的影响,因此也可以通过输入这些参数进一步优化控制策略,但是实际工程中由于机组在这些因素影响下的特性曲线难以精确获得以及算法过于复杂(如优化冷却水温度提升冷水机组的能效比,但同时也可能增加冷却塔的能耗)等原因,一般较少采用。

3. 冷冻水/空调热水循环控制

冷冻水/空调热水循环系统一般包括一次定流量系统(图4.1.4-2a)、二次变流量系统(图4.1.4-2b)和一次变流量系统(图4.1.4-2c)三类。

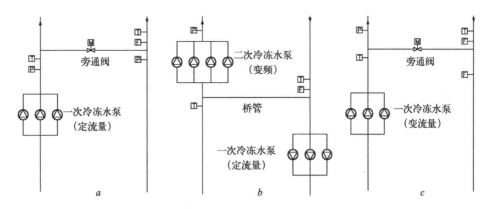

图 4.1.4-2 典型冷冻水/空调热水循环系统图

其中一次定流量系统控制最为简单，其冷冻水泵一般与冷热源机组一一对应进行启停控制；旁通阀根据冷冻水/空调热水供、回水压差进行控制，维持压差恒定。但是一次定流量系统无法根据末端需求变化调整水泵运行状态，以达到节约水循环能耗的目的。

二次变流量系统将冷冻水/空调热水系统分为机组侧和负荷侧两部分：由一次定流量泵维持机组侧恒定的水循环，一次定流量泵与冷热源机组一一对应进行启停控制；二次变流量泵（大扬程）根据末端需求（一般在末端压力最不利点设置压力传感器）进行变频及台数控制；一次定流量泵与二次变流量泵之间的流量差由旁通桥管自动平衡。二次变流量系统用小扬程低功率的一次水泵保证了机组侧水流的稳定，而对大扬程高功率的二次水泵进行变频控制，以减少末端负荷需求降低时的水循环能耗。

一次变流量直接对一次泵进行变流，不仅可以根据末端负荷需求通过变频节约水循环能耗，与二次变流量系统相比，还可以减少泵的初投资、节约机房空间。同时一次变流量系统还可以消除一次定流量和二次变流量系统中机组供回水温差过低的问题，使机组始终保持在高能效比运行状态。但是一次变流量系统对机组变流能力和控制的要求较高。最好要求机组的最小流量可以达到设计流量的40%左右（不得高于60%）。在控制方面，对流过机组的最小流量控制精度要求较高。一般通过水管流量传感器或者机组进/出水压差（根据压差及盘管特性再换算为流量）进行测量。当机组流过流量大于最小流量要求时，旁通阀关闭，一次变流量泵频率根据末端需求（一般在末端压力最不利点设置压力传感器）进行变频及台数控制；当机组流过流量接近最小流量时（一般留有10%～20%的裕量），一次变流量泵不得再进行降频或减机控制，而改由旁通阀调节冷源系统向负荷侧输出的水量，同时旁通一部分水量使得流过机组的流量大于机组运行的最小流量。

4. 冷却水循环控制（仅适用于冷水机组系统）

冷水机组的冷却水泵一般为定流量水泵，与冷热源机组一一对应进行启停控制。

冷却塔的风机设计包括单风机定频、多风机分级控制以及风机变频控制等几种。对于单风机定频控制，一般仅需对风机与冷热源机组一一对应进行启停控制；对于多风机分级控制和风机变频控制则需根据冷却塔出水温度设定值进行风机级数或频率控制。其中冷却塔出水温度设定值可为固定值，也可根据室外湿球温度（一般增加一个冷却塔换热温差，如3℃左右）和机组冷凝器回水最低温度进行动态决策。对于多风机分级和风机变频控制的控制策略如图4.1.4-3所示。

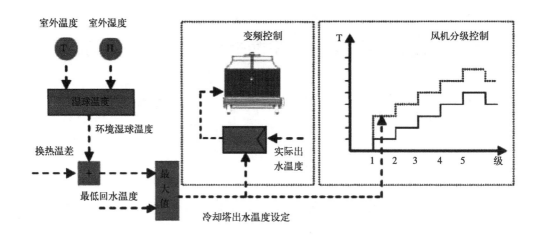

图 4.1.4-3　多风机分级和风机变频控制策略

冷却水系统旁通回路正常运行状态时处于关断状态。仅当冷却塔风机降至最低频率或最低级数、机组冷凝器回水温度仍然低于其最低回水温度限制时，开启冷却水旁通回路调节阀，通过温度旁通保证回水温度高于最低温度限制。

5. 冷却水的免费供冷（仅适用于冷水机组系统）

对于冷水机组系统，当室外湿球温度降至较低的温度（如 8℃ 以下）时，如系统仍存在供冷需求，在系统设计预先留有冷水机组旁路管路时，可通过蝶阀切换将原本冷水机组冷凝器侧的冷却水管路与原本蒸发器侧的冷冻水管路跨过冷水机组直接相连。利用冷却塔直接获得的温度较低的冷却水对末端负荷进行免费供冷。免费供冷可以节约冷水机组的能源，仅消耗冷却塔风机和相关水泵能源即完成末端负荷供冷，但需要预设冷水机组旁路管路和合理的切换条件及切换流程（主要是蝶阀的开关、切换流程）。此外由于免费制冷过程中冷却塔处于较低的工作温度下，还需做好冷却塔的防冻措施。

4.1.4.2　空调风系统中的节能增效手段及 BA 优化控制策略

中央空调系统中，BA 系统监控的风系统种类众多，涉及的节能控制策略也因所采用的风系统类型而各不相同。

1. 中央空调常见风系统类型及比较

风机盘管加新风系统、全空气定风量系统以及 VAV 变风量系统是目前中央空调系统中最常见的三种形式。三种空调形式的比较见表 4.1.4-1。

风机盘管加新风系统属于初始投资较低且可以满足不同区域温度个性化设置的空调形式，控制实现方便，广泛应用于宾馆客房、普通办公区域、医院病房等简单空调区域；全空气定风量系统同样属于初始投资较低的空调形式，且维护管理费用也较低，但无法实现区域温度个性化设置，因此仅适用于区域温度统一控制的大空间区域，如：大型会议室、餐厅区域、酒店大堂等；VAV 变风量系统在舒适性、能耗、灵活性等方面都具有较强的优势，但初始投资和管理维护费用都较高，在高档办公楼宇、机场等区域应用广泛。

2. 空调风系统控制中的通用节能增效控制策略

采用 BA 系统对空调风系统进行控制，具有众多通用的节能增效控制策略。

三种空调形式的比较表 表 4.1.4-1

	风机盘管 加新风系统	全空气 定风量系统	VAV 变风量系统
空调内外分区	可以	可以	可以
全年空调新风保证	可以	可以	可以
区域温度个性化设置	可以	不可以	可以
空气品质	空气过滤差，有可能产生霉菌	好	好
热舒适性	相对湿度偏高	存在区域温差	好
冷凝水水害	有	无	无
能源利用有效性	无法全新风供冷	风机无法变频节能，无法对部分区域进行调节或关闭	各区域可独立设置，风机按照实际符合需求变频运行，可有效实现节能；由于各末端通常不会同时达到最大负荷，因此在风机设计时约可节约10%的设计容量；可实现过渡季全新风免费供冷
噪声与震动	差	一般	好
区域再分割灵活性	差	一般	好
投资	低	低	较高
维护管理费用	高	低	较高

1）空调内、外分区控制

对于进深较大的建筑，空调区域内区与外区负荷特性相差较大。外区负荷来自室内/外温差、太阳辐射热以及人员、设备等的发热；而内区负荷则主要来自人员及设备的发热。如果对内、外区采用相同的空调控制，那么在冬季及过渡季必然产生室内温度分布不均，外区过冷、内区过热，严重影响环境舒适度和能源效率。因此，通常建议采用内、外分区对空调进行分别控制。空调内、外分区虽然属于暖通设计范畴，但 BA 系统设计及实施人员必须清楚地理解空调内、外分区的意义及控制要点，合理设置测温点与控制策略，才能保证空调内、外分区协调工作，实现控制目标、节约能源。

2）温度自适应控制

常规空调系统的目标温度是由人为设定的，一旦设定后 BA 系统即按照固定不变的设定温度进行控制。所谓温度自适应控制是指按照室外环境温度对人为设定的温度进行一个正负偏差修订。当室外环境温度过高时，适当提高室内设定温度；而在室外环境温度过低时，适当降低室内设定温度。根据统计，夏季当室外环境温度超过35℃时，设定温度每提高一度平均节能6%。同时盛夏适当减小室内外温差对人体进出室内外时的舒适以及身体健康均有利。而夏季当环境温度低于30℃时，适当地降低室内设定温度，可以加大室内外温差同时减少空气湿度，从而增加环境舒适度。而此时每减低一度室内温度所消耗的能源远远小于室外环境温度大于35℃时每降低一度所消耗的能源。在冬季也有类似的控制效果。由此可见，温度自适应控制可以在节能降耗的同时，很好地平衡能源消耗、环境舒适性以及人体健康等众多因素。

3）免费供冷

在过渡季或夏季夜间，当室外温度降至室内回风温度以下，且空调设备仍工作在制冷工况时，从控制策略角度就应该尽可能多采用新风，以节约空调设备制冷能耗。随着室外温度继续下降，当全新风量可以完全综合室内由人体、照明及其他发热设备产生的余热时，空调设备可以完全脱离冷源供冷，而仅依靠调节新风量对室内温度进行控制。这就是所谓的免费供冷。通过 BA 系统适时地发现免费供冷机会，将空调设备的运行模式由夏季制冷工况切换至免费供冷模式，不仅可以节约能源，同时也可以有效地提高室内空气品质。

4）热回收

空调排风中含有大量的余热、余湿，利用热回收设备回收排风中的余热、余湿并对新风进行预处理可以有效地节约能源。BA 系统对热回收设备通常只进行启停控制，而不涉及热回收具体过程。BA 系统所需判断的是在何种情况下启动热回收设备能够保证回收的能源大于热回收设备本身消耗的能源。根据所使用的热回收设备是全热回收器还是显热回收器，按照热回收器的热回收效率及能耗情况确定启动热回收设备的最小焓差或温差。当新、排风的焓差或温差大于此最小值时启动热回收设备，否则停止热回收设备。

5）夜间换气与清晨预热

对于间歇性运行的建筑，清晨预冷、预热能耗占到其全天总能耗的 20%～30%。充分利用夜间非运行状态进行全面换气，而清晨预冷、预热期间采用全回风运行模式，可以在节能降耗的同时有效缩短预冷、预热所需时间。

6）通过空气品质控制新风量

常规空调系统的新风量都按照设计新风量要求或经验参数设定最小新风量输入。然而在实际运行过程中，新风量需求往往是随着空调区域的使用状态、区域内人员多少而变化的。按照固定不变的设计参数或经验参数进行控制必然造成能源浪费或空气品质过差。在使用状态和人员数量变化频繁的区域设置空气品质传感器，根据空气品质对新风量进行控制可以同时保证室内环境舒适性与能源利用有效性。在安装空气品质传感器时应注意安装在对应空调区域可能出现的空气品质最不利点。当存在多个空气品质传感器时，应取其中空气品质最差的作为新风控制依据。

7）低温送风

对于相同的负荷量，增大送、回风温差即可减少送风量，节约送风能源。尤其对于冰蓄冷等应用，采用低温送风不会造成冷源效率下降，节能效果明显。然而使用低温送风也对风管保温层、送风温度控制、送风末端混风提温等提出了更高的要求。风管保温层未做好引起的额外换热和结露、送风温度过低以及送风末端混风不足导致的出风温度过低和出风口结露都会严重影响室内环境舒适度、设备使用寿命和能源使用的有效性。因此，在低温送风系统中，BA 系统一定要配合暖通专业做好送风温度控制和送风末端混风提温。

8）焓值控制

所谓焓值控制就是将室内温/湿度设定点、室内实际温/湿度点和室外环境温/湿度点全部绘制在焓湿图上，同时将空调设备所能提供的各种空气处理手段也都在焓湿图上表示。空调控制按照室外环境温/湿度点相对于室内温/湿度设定点的位置进行分区，以此作为空调模式切换的依据；同时在焓值图上确定最优的空气处理控制策略，以保证最经济有效地将室内实际温/湿度控制在设定点附近。

由于焓值控制中空调设备的工况模式是自动切换的，避免了人工切换中判断误差导致的工况不合理情况（如夏季傍晚的实际工况可能已接近过渡季，但由于人工无法及时切换，空调设备往往不能充分利用新风实现免费供冷）。同时，在焓值图上设计空气处理控制策略，通过等焓曲线非常容易判别空气中热量的增加与减少，尽可能避免空气处理流程设计不合理造成的冷、热抵消等能源浪费现象。

9）遮阳、照明、空调及门窗状态联动

BA系统具有很强的底层（现场层）集成联动能力。BA系统在现场层集成遮阳控制、智能照明控制、门窗状态监控等信号，结合气象传感等设备，可将这些相互关联的智能设备连成一个整体协调工作。如盛夏日光强射时，首先利用遮阳系统阻止部分太阳辐射热，同时避免强光直射工作面；当阳光减弱时，首先自动收起遮阳，在自然光仍然不足时再打开或加强窗边照明；在窗打开时自动关闭空调系统；在外界气温降低至舒适温度时自动开窗换气；在气象传感器探测到风雨时自动关窗并收起外遮阳等。这些措施均可在环境舒适度的前提下，有效降低能源消耗。

近年来，一些建筑领域的新技术如呼吸窗、呼吸幕墙等，其状态监控有些也会纳入BA系统的管理范围。

表4.1.4-2列示了前述的常用节能增效控制策略在三种常用空调形式中的应用可行性。

常用节能增效控制策略应用可行性一览表　　　表4.1.4-2

	风机盘管 加新风系统	全空气 定风量系统	VAV 变风量系统
空调内、外分区控制	✓	✓	✓
温度自适应控制	✓	✓	✓
免费供冷	新风量有限，很难完全实现免费供冷	✓	✓
热回收	新风系统可通过排风进行热回收	✓	✓
夜间换气与清晨预热	由于新风量有限，夜间换气速度很慢	✓	✓
通过空气品质控制新风量	✓	✓	✓
低温送风	新风系统只负责新风供给，低温送风意义不大	✓	✓
焓值控制	系统控制简单，焓值控制意义不大	✓	✓
遮阳、照明、空调及门窗状态联动	✓	✓	✓

3. VAV变风量空调系统控制

VAV全称Variable Air Volume，即变风量空调系统。它通过改变控制区域入口送风量（而非送风温度），达到空气调节目的。由于VAV变风量系统在舒适性、能耗、灵活性等方面都具有较强的优势，尽管其初始投资和管理维护费用都较高，但仍然在高档办公楼宇、机场等区域得到广泛应用。

VAV变风量系统对BA系统控制提出了很高的挑战：

首先，各个末端根据负荷变化调节送风量变化时都会对总送风管的静压产生影响，如无法及时进行调整，总送风管的静压又会影响其他末端的送风量，从而形成末段之间的相互扰动。

其次，节能是使用 VAV 变风量系统的主要目的之一，如何在满足各末端风量需求的基础上尽可能降低送风机运行频率以节约能源成为 VAV 控制的重点。

最后，如何在总风量改变的情况下仍然保证足够的新风量是 VAV 控制的又一难点。

由此，可将 VAV 变风量控制要点分为 VAV 末端控制、风管静压控制、新风控制和常规空调机组控制四部分。其所影响的控制结果如表 4.1.4-3 所示。

四种控制方式影响表　　　　表4.1.4-3

控制内容	影响范围
末端控制	室内温度、空气品质、气流组、末端解耦、末端风机/再热能源消耗
静压控制	末端静压、末端噪声、系统稳定、送风能源消耗
新风控制	空气品质、新风处理能源消耗
常规空调机组控制	系统联动、送风温/湿度、空气处理能源消耗

1) VAV 末端控制

为保证总送风管静压波动时，尽可能减少各末端送风量的变化，VAV 末端应采用压力无关型控制算法。即采用如图 4.1.4-4 所示的串级控制逻辑，在室内温度与末端风门开度之间串入风量控制环，保证风管静压变化时，风门能够及时调整开度，维持送风量不变。

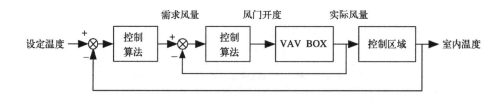

图 4.1.4-4　压力无关型 VAV 末端控制原理图

由于目前工程中实际风量多采用毕托管进行测量，不同毕托管在不同风速下的输出压差各不相同，为准确测量风速，要求毕托管和相应 DDC 控制器在安装前进行参数整定，同时要注意压差传感器在毕托管对应最小设计风量时的压差输出范围内仍具有较高的测量精度。

目前工程中空调内区常年供冷，负荷相对稳定，多采用单风道 VAV 末端；而对于空调外区，冬季供暖、夏季供冷，负荷变化相对较快，为保证稳定的气流组织和送风温度，往往采用带风机助力和末端再加热的VAV末端。工程选型时，所选择的VAV控制器应能满足各类VAV末端的监控点数需求，实现其空调控制功能。

表4.1.4-4为目前市场上主流的VAV末端及其典型控制策略。

主流VAV末端及典型控制策略表　　　　　　　表4.1.4-4

	结构示意	基本描述及典型应用	基本控制策略（典型应用）
单风道节流型	一次风／节流风门／用热设备（可选）	最简单、最常用的VAV末端形式。出风口风量将随负荷变化波动。常应用于负荷变化较小的空调内区，此时通常无需再热设备	单冷VAV一次风控制策略（最大风量／最小风量／室内温度／制冷设定）
风机串联型	回风／一次风／用热设备（可选）／送风／串联风机	通过串联风机保证出风口风量恒定，风门仅改变一次风与回风混合比例。常应用于负荷变化较大的空调外区。当空调内外区使用同一AHU时，冬季依靠再热设备对送风温度进行提升	冷热VAV一次风及再热控制策略（全开／再热设备／最大风量／再热风量／最小风量／全关／制热／死区／制冷／室内温度／制热设定／制冷设定）
风机并联型	并联风机／回风／一次风／送风／用热设备（可选）	并联风机仅在一次风较小时启动，以保证出风口最小出风量。常应用于负荷变化较大的空调外区。当空调内外区使用同一AHU时，冬季依靠再热设备对送风温度进行提升	末端动力风机控制策略（串联风机／并联风机／室内温度）
诱导型	诱导回风／一次风／诱导器／送风／用热设备（可选）／诱导回风	通过诱导器内高速气流的引流作用产生负压吸入回风，由风门控制一次风与诱导回风混合比。常应用于负荷变化较大的空调外区。当空调内外区使用同一AHU时，冬季依靠再热设备对送风温度进行提升	
双风道型	热风／冷风／送风	冷风和热风分别通过两套独立风道送入双风道型VAV末端。通过控制冷、热风风门满足空调区域冷热负荷要求。此类VAV末端温度调节范围大、舒适度高，但初期投资及能耗较大，因此国内工程应用不多	最大冷风量／最大热风量／热风量／冷风量／最小风量／最小风量／0／全开／热负荷／死区（可调）／冷负荷／全开／制热设定／制冷设定

2）风管静压控制

目前主流控制策略包括定静压控制、变静压控制、总风量控制以及以这三种基本控制策略为基础的各种改进或衍生控制策略。表4.1.4-5简单列举了三种基本控制策略的比较信息及改进策略。

实际工程中，各种风机频率控制策略各有优、劣势，应咨询专业技术人员，视暖通空调设计进行选择。一般而言：

- 定静压控制适合于风道规则、单台空调机组负责VAV末端较多（20～30个，甚至更多）的应用；如风道管网过于复杂，则需设置多个静压点或进行风管静压再设定。
- 变静压控制仅在单台空调机组负责少量VAV末端（6～8个），且这些VAV末端的空调区域朝向一致（保证负荷增减趋势一致）时才能充分发挥其节能效果。
- 总风量控制成功的关键在于能够精确建立风道模型，且风管密闭性得到保证。

三种基本控制策略比较表　　　　　　表4.1.4-5

	风机频率控制思想	控制难点	优点	缺点	改进措施举例
定静压控制	稳定风管静压最不利点压力	当风道管网较复杂时，风管静压测量点数量及位置难以确定	各末端之间的相互影响小，控制简单	节能效果较差	采用风管静压再设定
变静压控制	尽可能减少风管静压，保证所有末端风门都处于接近全开位置	变静压控制的多变量、强耦合、非线性、时变特性使得系统难以稳定	可确保系统中没有风量不足的VAV末端；节能效果最明显	控制复杂，易产生震荡，工程风险较大	采用其他方法对风机频率进行粗调，然后再用变静压策略进行细调；或设立虚拟静压点
总风量控制	建立风道模型，根据末端风量需求之和直接确定风机运行频率	难以建立精确的风道模型	采用前馈控制，如果模型精确，系统相应速度最快，且节能效果可接近甚至达到变静压控制	由于风道气密性较差或者模型误差，可能产生末端风量不足情况	采用总风量结合定静压控制法

3）新风控制

对于 VAV 系统，如何在送风量变化的前提下保证最小新风量是其控制又一难点。这需要从两个方面着手解决：

● 空调机组的新风量保证：由于总送风量的变化，VAV 系统无法通过最小新回风比控制新风量。建议在相关风道中安装风速传感器或定风量（CAV）末端进行最小新风量控制。

● 局部空调区域的空气品质保证：对于局部空调区域，当温度控制与空气品质发生矛盾时（如控制区域冷负荷需求不大，但人员较多，新风需求量大），需根据实际情况进行取舍。如在 VAV 末端控制器中增加二氧化碳检测功能，当二氧化碳浓度超出设定上限时，强制增大最小新风量，直至二氧化碳浓度降至正常范围以下一定死区后，最小新风量设定恢复正常值。

4）空调机组的控制

VAV 变风量空调的常规空调机组控制部分与其他空调机组控制差异不大。需要注意的是，其他空调机组的控制目标往往是回风温/湿度，而 VAV 变风量空调机组的控制目标是送风温/湿度。

4. UFAD 地板送风系统控制

UFAD 全称 Underfloor Air Distribution，即地板送风系统。它是利用结构楼板与架空地板之间的敞开空间（地板静压箱），将处理后的空气送到房间使用区域内位于地板上或近地板处的送风口，以达到空气调节目的。

地板送风系统最早应用于机房空间，但由于其相对于常规头部以上送风在热舒适性、通风效率、能耗有效性以及灵活性等方面的优势，目前在一些办公楼、大空间区域等得到应用。地板送风拥有众多优势，工程人员应在项目实施时注意其中控制策略对节能及控制效果的影响。

4.1.4.3 呼吸墙、遮阳、智能照明以及空调系统的联动控制

对于呼吸墙、遮阳及智能照明本书均有单独章节进行讨论，在此仅对各系统间及其与空调系统的联动控制加以说明。

目前，呼吸墙、遮阳、智能照明以及空调系统一般进行独立控制，或者仅一、两个系统之间进行联动。由于控制策略不同步往往会造成众多不必要的能源浪费。例如：呼吸墙手动或自动进入自然通风状态，而空调系统仍运行于制冷或制热模式；遮阳系统处于遮阳模式，而实际室内照度不足，照明系统的相应发热又影响了正处于制冷模式的空调系统能耗等。表4.1.4-6总结了各系统对环境参数的影响及系统之间的相互影响关系。

各系统对环境参数的影响及系统之间的相互关系表　　　表4.1.4-6

	室内环境参数影响			系统自身或相互间影响			
	温度	照度	空气品质	呼吸墙	遮阳系统	智能照明	空调
呼吸墙	通过通风或保温作用影响	无影响	通过自然通风影响		遮阳系统会影响呼吸墙的通风及夏季热循环效果	无影响	建议与空调工况（冬、夏、过渡）保持一致，避免冷热抵消
遮阳系统	通过阻止辐射热影响	通过遮光影响	无影响	保证遮阳不影响呼吸墙的工作	外遮阳应与室外气象传感联动，大风大雨时收起遮阳	建议与照明系统联动，综合室内外照度、太阳角度进行控制	遮阳应综合考虑对空调及照明系统的能耗影响
智能照明系统	通过灯具发热影响空调能耗	通过灯具开关或调光直接影响	无影响	无影响	建议与遮阳系统联动，综合室内外照度、太阳角度进行控制	DALI、调光等可以有效区分区域差异，实现节能增效	与遮阳联动应综合考虑对空调及自身的能耗影响
空调系统	通过空调控制直接影响	无影响	通过新风控制直接影响	与呼吸墙保持工况、状态一致	遮阳与照明控制对空调能耗影响很大	遮阳与照明控制对空调能耗影响很大	空调系统的夜间换气、清晨预热及根据焓值切换工况节能效果明显

4.1.5 BA系统展望

目前，BA系统已经逐渐突破了一个单纯的控制系统，使得建筑设备以及其他弱电系统的运行策略与企业业务流程保持一致，将整个建筑作为一个整体，服务于企业的业务目标，实现真正的节能高效。

未来，随着控制器成本的降低和操作模式的简易化，越来越多的建筑设备都会自带控制设备，实现各自内部功能。通过BA系统收集能源数据，对建筑物、建筑设备的用能情况进行分析（包括同建筑不同年份之间的纵向分析和同类建筑之间的横向比较），从而发现建筑设备乃至建筑本身的节能改造空间，为其提供投资回报分析并指导其进行改造。

4.2 通信技术

4.2.1 概述

通信系统是现代化建筑的重要组成部分，可以为用户提供有效的信息传送服务。通信系统具有对来自建筑物内外的各种不同类型的数据予以收集、处理、存储、传输、检索和提供决策支持的能力。

通信技术有多种不同的分类方式，包括：
1）按传输媒质的不同，可分为有线通信和无线通信；
2）按照信道中传输的是模拟信号还是数字信号，分为模拟通信与数字通信；
3）按通信设备的工作频率不同，分为长波通信、中波通信、短波通信、微波通信；
4）按是否采用调制，分为基带传输和频带（调制）传输；
5）按通信业务，分为话务通信和非话务通信；
6）按接收及发信设备是否可移动，分为移动通信和固定通信等。

随着建筑功能的不断提升和信息化需求的不断提高，单纯的语音通信已不能满足人们的需要，通信系统发展为对数据、语音、图像等多媒体信息进行传输和处理。通信网络与计算机网络融为一体，成为一种综合的通信网络。综合通信网络的功能随着电信事业的发展，越来越广泛、多样，对信息的容量、带宽、速率的要求也在不断增长，所有这些因素都是激励现代通信网络发展的强劲动力。

近年来，通信技术及设备的研究取得了迅速发展，具体表现在：

1）通信网络设备方面，终端设备向数字化、智能化和多功能化方向发展，传输链路向着数字化、宽带化方向发展，交换设备广泛采用数字程控交换机，并向适合宽带要求的ISDN快速分组交换机方向发展。

2）通信自动化系统方面，日趋数字化、综合化和智能化。系统开始全面使用数字技术，包括数字终端、数字传输、数字交换等，将各种信息源的业务综合在一个数字通信网络中，为用户提供综合性优质服务。同时，在通信网络中赋予智能控制功能，使网络更具灵活性。

3）随着绿色建筑理念的大力推广，通信系统作为建筑智能化和信息化的基础支持系统和重要技术手段，其应用领域更趋如何体现节能、环保、低碳及提高建筑的舒适性、便利性和安全性，为使用者提供绿色、健康的工作和生活环境。

总之，作为现代建筑中非常重要的组成部分，通信网络系统是信息化发展的必然需求，同时建筑中的通信网络系统又是城市通信网的有机组成单元。因此，通信网络系统目前越来越受到各方面的重视，使其在智能建筑及城市通信网中发挥着越来越重要的作用。

4.2.2 通信技术在智能建筑中的应用

通信系统是智能建筑的"中枢神经"，它具备对来自建筑内外各种信息进行收集、处理、存储、显示、检索和提供决策支持的能力，实现信息共享、数据共享、程序共享，有效地扩大了建筑智能化的应用和管理领域。用现代通信方式装备起来的智能建筑，更有利于为人们创造出高效、便捷的工作条件和生活方式。

智能建筑中的通信技术相关的应用系统很多，分别用来实现数据、语音、图像等的传输和通信，如图4.2.2所示。

智能建筑中的数据传输主要依靠计算机网络系统，通过建筑接入网同建筑外部公用通信网建立链路；语音传输主要涉及程控电话系统、无线对讲系统、音响扩声系统、移动通信系统、背景音乐与广播系统、同声传译系统等；图像传输主要依靠卫星与有线电视系统、远程视频会议系统等实现，通过城市有线电视网引入外部有线电视信号。同时，VSAT卫星通信系统利用人造地球卫星中继站转发或反射无线电信号，可为数据、话音、电视信号等各种信息传输业务提供服务。而电信网、广播电视网和计算机通信网的"三网融合"技

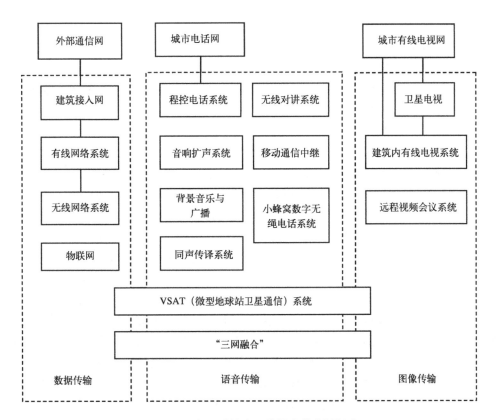

图 4.2.2 智能建筑中通信技术的应用领域

术实现了各方网络资源的共享和业务的多媒体整合。

除上述各种通信系统外,智能建筑中的其他子系统也几乎全部采用网络化通信的结构,比如:建筑设备自动化系统由直接数字控制器组成实时监控网,一般采用 LONWORKS 总线技术;智能化系统集成由工作站组成局域网络,较多采用 BACnet 总线技术;CAN 总线所控制的局域网在小区物业管理、安全防范系统中应用十分普遍;企业办公自动化系统中,常设有内网(政务网)、外网(互联网),不仅与本系统网络相连,而且与外部互通。

近年来,宽带综合业务数字网的发展使多媒体通信成为可能,通信技术将更多地承载多媒体业务,使智能建筑的信息传输技术达到一个新的高度。同时,通信技术在卫星通信、光纤通信、移动通信、微波通信等领域也都有了新的进展。

4.2.3 绿色建筑中的通信系统及设备

绿色建筑要实现将建筑物的结构、设备、服务和管理根据需求进行最优化组合,将建筑内的各类系统和机电设备通过各种开放式结构、协议和接口进行集成,为各系统和设备提供高速、快捷的通信和信息交互环境,为用户提供舒适、便利的人性化、智能化居住和使用环境,都需要借助现代通信技术,对来自建筑物内、外的各种不同类型的数据予以采集、处理、传输、存储、检索和提供决策支持。因此可以说,通信系统是绿色建筑的基础支持系统和重要的实现手段。

各类通信系统及设备在绿色建筑中所起的作用主要体现在节能性、舒适性、便利性、社会性等方面。

1. 节能性体现

绿色建筑中同节能有关的通信系统主要包括计算机通信网络、远程视频会议、程控电话系统等。同时，电信网、广播电视网和计算机通信网的"三网融合"技术实现了网络资源的共享，避免了重复建设。

1）有线计算机通信网络

建筑中的计算机网络系统主要有非对称数字用户环路（ADSL）、高速率数字用户线路（HDSL）、甚高速数字用户环路（VDSL）、光纤接入网（OAN）等。

ADSL（Asymmetric Digital Subscriber Line，非对称数字用户环路）是一种新的数据传输方式。它因为上行和下行带宽不对称，因此称为非对称数字用户线环路。它采用频分复用技术把普通的电话线分成了电话、上行和下行三个相对独立的信道，从而避免了相互之间的干扰。通常 ADSL 在不影响正常电话通信的情况下可以提供最高 3.5Mbps 的上行速度和最高 24Mbps 的下行速度。

VDSL（Very-high-bit-rate Digital Subscriber loop，甚高速数字用户环路）短距离内的最大下传速率可达 55Mbps，上传速率可达 19.2Mbps，甚至更高。VDSL 数据信号和电话音频信号以频分复用原理调制于各自频段互不干扰。VDSL 可以大大提高因特网的接入速度，提供本地不同区域网络之间的快速链接，并可用来开展视频信息服务。

HDSL（High-speed Digital Subscriber Line，高速率数字用户线路）采用回波抑制、自适应滤波和高速数字处理技术，使用2B1Q编码，利用两对双绞线实现数据的双向对称传输，传输速率 2048Kbps/1544Kbps（E1/T1），每对电话线传输速率为 1168Kbit/s，使用 24AWG（American Wire Gauge，美国线缆规程）双绞线（相当于 0.51mm）时传输距离可以达到 3.4KM，可以提供标准 E1/T1 接口和 V.35 接口。

信息化时代的到来使得互联网运用变得更加普及，这让家庭宽带需求越来越高。光纤到户技术在解决带宽方面具有独特的优越性，能够在为用户提供极大带宽的同时增强网络的利用效率。光纤接入网(OAN)用光纤作为主要的传输媒质，实现接入网的信息传送功能，通过光线路终端（OLT）与业务节点相连，通过光网络单元（ONU）与用户连接。ONU 的作用是为接入网提供用户侧的接口，处理光信号并为小型企业用户或居民住宅用户提供业务接口，实现光纤到户。OAN 技术以其低成本、高效率、实用性等特点推动了光纤产业和光纤到户应用的不断发展。

各种计算机网络技术的应用，满足了用户局域网和广域网的链接需求，提高了用户的工作便捷性和工作效率，体现了低碳、健康的工作和生活方式，更节能和环保。

2）有线语音通信系统

有线语音通信系统一般指程控电话系统，它可分为内部和外部电话通信系统。内部和外部路数是其最重要的指标。目前，有线语音通信系统较多的采用数字式交换机。数字式程控交换机主要由话路系统、中央处理系统和输入输出系统组成。

同机械或电子模拟式程控交换机相比，数字式交换机具有体积小、可靠性高、抗干扰能力强、适应能力强等优点，且耗电更少、更节能。此外，有线语音通信系统同移动通信相比，具有无辐射的优点，使其更加环保和健康。

3）远程视频会议系统

视频会议系统（Video Conference System）通过传输线路和多媒体设备，将不同地点的声音、影像及文件资料互相传送，达到即时且互动的沟通，以完成会议目的。视频会议系统是一种典型的图像通信，在通信的发送端，将图像和声音信号变成数字化信号，在接收端再把它重现为视觉、听觉可获取的信息，与电话会议相比，具有直观性强、信息量大等特点。

视频会议系统按用户组成模式不同可分为点对点和群组视频会议两种，按技术手段不同可分为模拟（如利用闭路有线电视系统实现单向视频会议）和数字（通过软硬件计算机和通信技术实现）两种，按实现方式不同可分为卫星会议和网络会议两种。

远程视频会议系统充分利用了先进的信息手段和通信资源，降低了沟通成本，提高了工作效率。系统完成初始建设后，与会者不必聚集在一起，而是安坐在分布在世界各地的视频会议会场内，利用视频会议控制终端和视频显示设备，即可达到"面"对"面"进行讨论的效果，满足召开会议的需要，从而节省了大量出行时间、费用和资源的消耗，降低了沟通成本，获得了更高的工作效率和生产力，符合绿色建筑低碳、环保、节能的建设理念。

4）三网融合

"三网融合"是指电信网、广播电视网和计算机通信网的相互渗透、互相兼容，并逐步整合成为统一的信息通信网络，提供包括语音、数据、图像等综合多媒体的通信业务，它涉及"三网"在不同角度和层次上的技术融合、业务融合、行业融合、终端融合及网络融合。在"三网融合"应用中，信息服务由单一业务转向文字、话音、数据、图像、视频等多媒体综合业务，它使网络从各自独立的专业网络向综合性网络转变，网络性能得以提升，资源利用水平进一步提高。同时，"三网融合"不仅继承了原有的话音、数据和视频业务，而且通过网络的整合，衍生出了更加丰富的增值业务类型，如图文电视、VoIP、视频邮件和网络游戏等，极大地拓展了提供业务的范围。

"三网融合"表现为电信网、计算机网和有线电视网三大网络在技术上趋向一致，网络层上可以实现互联互通、形成无缝覆盖，业务层上互相渗透和交叉，应用层上趋向使用统一的IP协议。"三网融合"是为了实现网络资源的共享，避免低水平的重复建设，形成适应性广、容易维护、费用低的高速宽带的多媒体基础平台。它的应用将极大地减少基础建设投入，并有利于简化网络管理，降低维护成本。

2. 舒适性体现

1）电视系统

绿色建筑中的电视系统包括有线电视系统（CATV）、卫星电视系统（SATV）、视频点播系统（VOD）等。

有线电视系统由前端、干线传输和用户分配网络三部分组成。按系统功能和作用不同，可分为有线电视台、有线电视站和共用天线系统。有线电视台的有线电视系统是相当复杂和庞大的，它使用的载波频率高（550MHz或更高）、干线传输距离远、分配户数多，而且大多是双向传输系统。一个居民楼内的共用天线系统则可能是没有干线传输部分的最简单的有线电视。

此外，可在建筑屋面设立多个频道天线及卫星接收天线，经过放大后输送到各个接收点，也可接入有线电视网络。卫星电视节目信号通过地面天线接收机输入到高频头进行放大变频，然后被送入调谐器进行再放大及二次变频处理，输出中频信号，经解调器解出模拟基带信号，再经过模拟数字变换及解码和前向纠错等处理，输出 MPEG—2 数据流。解复用器完成 MPEG—2 数据解包，分解出音、视频同步控制及其他数据信息。MPEG—2 解码器则完成音、视频解压缩和解码，将数据信息还原成完整的图像和伴音信号，再经视频编码器及音频变换，输出电视机所需要的模拟音、视频信号。

  VOD（Video On Demand）即视频点播技术的简称，也称为交互式电视点播系统，是一项全新的信息服务。视频点播摆脱了传统电视受时空限制的束缚，解决了想看什么节目就看什么节目、想何时看就何时看的问题。有线电视视频点播，是指利用有线电视网络，采用多媒体技术，将声音、图像、图形、文字、数据等集成为一体，向特定用户播放其指定的视听节目的业务活动。包括按次付费、轮播、按需实时点播等服务形式。

  电视系统是计算机技术、网络技术、多媒体技术发展的产物，可满足使用者了解国内外新闻实事、收看娱乐节目等需求，提高了人们的工作、生活质量和舒适程度。

  2）背景音乐与广播系统

  绿色建筑中的背景音乐与广播系统是在有限的范围内为公众服务的广播系统。在常规情况下，公共广播信号通过布设在广播服务区内的广播线路来传输，是一种单向的（下传的）有线广播系统。主要设备包括天线、广播接收机、卡带放音机、激光放音机、音频放大机、功率放大机、监听器、传声器筒、呼叫器、线路分配器等。

  广播系统为建筑内用户提供公共业务广播、背景音乐广播、服务性广播、消防紧急广播等服务，提高了绿色建筑的舒适性和安全性，提升了建筑品质。

  3. 便利性体现

  1）无线通信网络系统

  无线通信网络系统一般指用户建立的远距离无线连接的数据通信网络，有时还包括为近距离无线连接进行优化的红外线技术、射频技术、蓝牙技术等。远距离无线通信网络与有线网络的用途类似，最大的不同在于传输媒介的不同，可以和有线网络互为备份。常用无线网络的标准包括 Zigbee、Bluetooth、HomeRF、IEEE 系列等。IEEE 的主流标准有 IEEE 802.11a、IEEE 802.11b、IEEE 802.11g、IEEE 802.11n 等几种，其中 IEEE 802.11b 目前最为常用，IEEE 802.11g 更具下一代标准的实力，而 802.11n 标准目前虽尚为草案，但其产品已层出不穷，发展十分迅速。

  无线通信网络的优势在于组网灵活、终端设备接入数量限制小、规模升级方便。无线网络使用无线信号通信，只要有信号的地方就可以随时随地将终端设备接入到网络中，因此在需要移动办公或家庭移动通信时更便利、更灵活。同时，无线通信网络利用无线电技术取代有形线缆的敷设，减少了材料损耗和施工工作量，更加环保和节能。

  2）无线语音通信系统

  无线语音通信系统包括无线对讲、公共移动电话、专用集群移动电话、无绳电话系统等。

  无线对讲通信系统为建筑内的管理部门、保安、物业等人员的日常工作提供统一的无线对讲和指挥通信功能，实现高效即时的无线通信覆盖。系统通过主机（基地台）转发各终端传送的信息、通知及命令等，并对突发事件及时进行命令和人员调度。

  建筑物中为小蜂窝数字无线电话系统时，应在建筑物内设置一定数量的收发基站，确保用户在任何的地点进行双向通信。建筑物的下层及上部其他区域由于屏蔽效应出现移动通信盲区时，需设置移动通信中继收发通信设备，供楼内各层移动通信用户与外界进行通信。

建筑内的各类无线语音通信系统满足建筑内无线语音通信的需要,为使用者提供方便、快捷的通信服务手段。

3) VSAT 卫星通信系统

VSAT 卫星通信系统利用人造地球卫星中继站转发或反射无线电信号,一般为小型或极小型卫星通信系统。VSAT 网根据业务性质可分为三类:以数据通信为主的网,除数据通信外,还能提供传真及少量的话音业务;以话音通信为主的网,主要提供公用网和专用网话音信号的传输和交换,同时也能提供交互型的数据业务;以电视接收为主的网,接收的图像和伴音信号,可作为有线电视的信号源通过电缆分配网传送到用户家中。

典型的 VSAT 系统一般由通信卫星、中枢站及许多 VSAT 站组成。VSTA 站又包括将远程设置的计算机终端接入卫星网络的室内单元(IDU)、用于发送与接收卫星信号的室外单元(ODU),以及小口径天线。VSAT 系统具有体积小、重量轻、造价低、建设周期短等优点,可以迅速安装并开通通信业务,可直接与各种用户终端(传真机、电话、计算机等)进行接口,并且较易实现功能的改变和扩展,其模块化的结构令用户使用非常简洁、方便。

4. 社会性体现

1) 物联网

物联网是通过射频识别(RFID)、红外感应器、全球定位系统、激光扫描器等信息传感设备,按约定的协议,把任何物体与互联网相连接,进行信息交换和通信,以实现对物体的智能化识别、定位、跟踪、监控和管理的一种网络。物联网是新一代信息技术的重要组成部分,它的核心和基础仍然是互联网,是在互联网基础上的延伸和扩展的网络。

物联网产业链可以细分为标识、感知、处理和信息传送四个环节,每个环节的关键技术分别为 RFID、传感器、智能芯片和电信运营商的无线传输网络。它将众多末端设备和设施,如传感器、移动终端、工业系统、楼控系统、家庭智能设施、视频监控系统、贴上 RFID 的各种资产、携带无线终端的个人与车辆等,通过各种无线或有线的、长距离或短距离的通信网络实现互联互通和应用大集成,并可提供基于云计算的 SaaS 等营运模式。

物联网在内网、专网及互联网环境下,采用适当的信息安全保障机制,提供安全可控乃至个性化的实时在线监测、定位追溯、报警联动、调度指挥、预案管理、远程控制、安全防范、远程维保、在线升级、统计报表、决策支持、集中展示等管理和服务功能,从而实现对各种设备和设施的"高效、节能、安全、环保"的"管、控、营"一体化管理。同时,物联网使得人们可以以更加精细和动态的方式管理生产和生活,达到"智能"和"智慧"状态,提高资源利用率和生产力水平,改善人与自然间的关系。

2) 数字医院与远程医疗服务

数字医疗是将先进的现代通信技术和数字技术应用于医疗相关工作,实现医疗信息的数字化采集、存储、传输和后处理,从而实现医疗资源整合、流程优化,降低运行成本,提高医疗服务质量和管理水平。数字化医疗对信息的采集、传送、共享、利用提出了更高的要求,需要保证信息收集更全面,传输更便捷,信息的共享程度更高,代表了信息管理更趋智能化的一个阶段。

作为整个医院各类系统和设备数据传输与交互的神经系统，计算机网络系统对医院的正常运转起着至关重要的作用。数字化医院是在数字医疗设备、计算机网络平台和医院业务软件的基础上，对患者的治疗数据进行采集、存储、传输和处理，以达到在全院范围内的全数字化流程的医院。医院中通信网络的应用是提高医疗效率、降低运营成本、改善就医环境、缓解医疗资源紧张局面的有效手段。可以说，计算机网络系统支持"医院"所有业务的全数字化运行。

此外，当代通信技术在区域医疗、远程医疗、移动诊疗、重症监护、婴儿防盗、医护对讲、紧急呼叫等医疗领域也都体现出了自己的价值，有利于提高医护人员工作效率、降低工作强度、提高临床用药的安全性，进而提升医院和整个区域的医疗服务质量和可及性，减少医疗成本，降低医疗风险，减少社会公共医疗资源的浪费，使患者省钱、省力、省心的享受到安全、优质的服务，从而更好地满足广大人民群众保健的需求，具有重大的社会意义。

4.2.4 通信系统工程的绿色实施

绿色通信工程施工是指在通信工程建设过程中，在保证质量、安全等基本要求的前提下，通过科学管理和技术进步，最大限度地节约资源与减少对环境的负面影响，实现节能、节地、节水、节材和环境保护。具体包括如下几个方面：

1）绿色基站建设

基站及机房设备的能源消耗占到整个移动通信网络设备能源消耗的绝大部分，基站绿色节能已经成为当前基站发展的必然趋势。绿色基站的建设涉及基站架构、基站形态、绿色基站节能技术及绿色站点应用等多个方面，具体实施措施包括空调节能、UPS及通信电源节能、通信设备及机柜节能等。此外，还应大力推广自然能源和新能源的使用。我国已在海拔四千多米的青藏高原上建立了超过一千个的新能源基站，这是截至目前全球最大的一个太阳能基站群。

2）绿色通信网建设

目前，人们越来越多的采用电子通信渠道来代替传统的通信方式，如通过资料下载、电子邮件、即时通讯等网络手段避免纸质资料的打印和传送带来的能源消耗等，构建绿色通信网络。

通信光缆作为目前有线通信的主流传输媒介，具有传输容量大、传输损耗低、抗电磁干扰能力强、保密性好、便于施工与维护等优点，其建设包括通信管道建设、通信光缆及电缆敷设等。通信网建设时应遵循经济、合理、环保、节能的原则，重视人员安全与健康管理。

3）建筑内绿色布线系统建设

综合布线作为通信系统的基础，是建筑智能化的重要组成部分。其绿色环保可体现在如下几个方面：

首先，防火等级是线缆绿色的重要指标，要求线缆具有优异的电气性能，同时在防火性能上满足苛刻的火、烟、燃料载荷要求，从而降低火灾风险，并在发生火灾时尽可能少的释放有毒有害气体。除了线缆，对于插座、配线架和跳线等产品也同样需要"绿色"，如需严格限制在产品中使用铅、汞、镉、六价铬、多溴化联苯和多溴化二苯醚等有害物质。

其次，布线系统在节省空间、易于安装和管理等方面须体现绿色理念。比如采用高密度设计来节省机柜和管道的空间、改善布线管理、增强易用性等,提升布线利用率和效率。同时,线缆整理应充分利用机柜空间,使得线缆整齐、紧密地在服务器或网络设备前后及两侧排列,不遮蔽服务器或网络设备之间的气流交换通道,同时减少空间占用。

再次,在布线的连接上,可以考虑采用预连接,即在出厂前根据实际情况定制长度,由生产厂商在光纤两端预先安装好各种形制的连接器,从而节约材料,避免现场安装时的浪费。此外,在满足使用要求的情况下,应尽量选择小线径的线缆,这样不仅可以节省材料,而且有利于形成机房的冷热通道,使冷空气的添加和热空气的移除都得到很好的控制,散热设备的运行效率更高。

最后,应大力推广建设无线通信网络。无线通信网络的优势在于组网灵活、终端设备接入数量限制小、规模升级方便,更加便利和灵活。同时,无线通信网络利用无线电技术取代有形线缆的敷设,减少了材料损耗和施工工作量,更加环保和节能。

4.3 建筑环境监测技术

4.3.1 建筑环境的指标形式

建筑需要提供良好的热环境、光环境和声环境,而这些因素又往往会带来空调能耗的变化以及照明能耗的变化。因此,将热舒适、视觉舒适和听觉舒适作为建筑环境的主要指标形式,并且通过智能传感器等智能监测技术,将不同地点、不同功能的建筑环境数据进行采集、保存及利用,以对其他智能化系统,例如照明系统、遮阳系统等提供控制依据,使得系统得以优化运行。

4.3.2 热舒适性及节能设计

1. 热舒适性

热环境大致可以分为3个主要的类别:

热舒适度:是指大部分人对所处的热环境感到满意。这主要取决于人们主观上对所处热环境的意识状态;

热烦躁度:是指人们开始感到不舒服,即开始觉得或冷、或热,但并未产生由于不舒适而引起的疾病症状,他们可能仅仅会觉得有些烦躁与疲倦;

热应激:是指会导致人们出现明显的有潜在危害的疾病症状。例如:在过热环境中,人容易中暑;在过冷环境中,人容易冻伤。热应激往往会引发呼吸系统等问题,出现体温过低或过高的热环境情况。

在热舒适性设计中的实践指导可参考CIBSE(Chartered Institution of Building Services Engineers,英国皇家注册设备工程师协会)关于舒适性的指南(CIBSE Guide A,英国暖通设计手册)。

日常生活中,由于存在个体差异,在各种条件下要找到一个单一的指标来准确反映人体的舒适性绝非易事。因此,在热舒适性的检测过程中,我们往往关注四个影响热舒适性的环境因素:

1)温度

温度可分为：空气温度、平均辐射温度、综合温度。

空气温度定义为空气的干球温度，通常是通过一个远离辐射热交换或不被辐射所影响的温度计来测量。由于普通的固定位置的玻璃水银温度计会受到外界的影响，例如周围的阳光、散热器的散热等，因此，它通常不能准确测量出空气温度。

空间中某点的平均辐射温度是衡量某点周围物体辐射和人体辐射之间相互作用影响的参数，即来自于周围空间各种固体表面和物体的辐射热交换的相互影响，例如墙壁、顶棚等，以及周围空间其他各种辐射源，如散热器、灯具等。平均辐射温度可以通过空间中表面温度的情况进行测算，它不能直接被测量，但是可以通过使用黑球温度计测量出黑球温度，同时测量该点的空气温度和空气流速，继而计算出平均辐射温度。

综合温度（t_0）由 CIBSE 提出，并用于国际标准和美国 ASHRARE（American Society of Heating, Refrigerating and Air-Conditioning Engineers, Inc.；美国采暖、制冷与空调工程师学会）标准中，是室内空气温度和平均辐射温度的合并体，通常被用来作为设计参数。因为它结合了对空气温度、辐射温度和一定程度空气流速的影响，其具体讨论和定义可参考 CIBSE Guide A，但在实际应用中，当空气流速在 0.1m/s 左右时，综合温度可取空气温度和平均辐射温度的平均值。

$$t_0 = (t_a + t_r)/2$$

式中　t_a——空气温度

　　　t_r——平均辐射温度

值得一提的是，在隔热性能较好且以对流方式供暖的建筑中，空气温度和平均辐射温度的差异（也可是空气温度和综合温度的差异）通常很小。

2）湿度

湿度是指空气中水分的含量，也就是大气中水蒸气的含量。湿度通常用某种条件下空气中水分的含量与该条件下相同温度和压力下空气中所含水分最大量的比值来表示，0%的湿度表示空气是完全的干燥，而100%的湿度则表示空气完全饱和，任何多余的水蒸气都会凝结。建筑设备工程中经常用相对湿度（RH）及饱和百分率来表示湿度。相对湿度常用于表示水蒸气压力的比值，而后者常用来计算在空调系统中需要增加或者去除的水分，从而通过加湿器或除湿器达到房间的湿度要求。

在设计过程中，尽管湿度会影响空气品质，但是只要不是在太干燥或者太潮湿的状态下，都可以通过改变环境散湿能力来适应，CIBSE Guide A 推荐相对湿度应保持在 40%～70% 之间。

3）空气流速

流动空气的速度和方向称为空气流速，它对于热舒适性同样很重要。因为流速太高会引起冷风感，而流速太低会降低空气品质，使得某区域空气异味。

由于热量可以通过对流和蒸发从人体散失，因此流动的空气可能造成降温的效果。空气流速取决于温度和空气的流动方向。日常经验表明，即便是热空气，只要流速较高，也是可以接受的，然而对于冷空气，则即便是较低的流速也会引起吹风感。一般活动区中，舒适的空气流速定义在 0.1～0.3m/s。

为了达到活动区域的空气流速，对于一定高度的出口，流速需要控制在小于3m/s 的范围，具体取决于房间的高度，也就是说送风气流在进入人体活动区之前要先进行混合，然后迅速降低。为了保证所有运行状态下的舒适性，设计送风出口、送风方向以及送风温度时，都需要仔细计算。流动空气的温度一般介于室内空气温度和送风温度之间。

4) 空气品质

虽然目前还没有公认的衡量标准来评价空气品质，但良好工作场所的空气品质应该保证所在空间中没有明显的污染物，同时有足够的新风供给。目前，我们在热舒适性设计中，往往通过对二氧化碳浓度等数值的检测来控制新风机的启停，而新风机的启停又直接影响到空调系统的能耗。

在目前的设计中，我们针对不同的需要，给出以下的新风量：

为呼吸作用提供氧气：0.2L/p·h；

稀释二氧化碳：1.0L/p·h；

稀释居住者污染物：5L/p·h；

给人新鲜感：10L/p·h。

5) 其他影响热舒适性的环境因素

除了上述提及的4个主要因素外，还有空气的温度梯度、局部辐射、冷热地板或吊顶等，均会对热舒适度产生影响。

2. 热舒适性设计标准

表4.3.2给出的是某些建筑的热舒适性节能标准，以供设计参考：

建筑热舒适性节能设计标准　　　　　　　表4.3.2

建筑及房间类型	冬季温度（℃）	空调建筑夏季温度（℃）	新风量[L/(s·人)]
（住宅）			
浴室	20~22	23~25	15L/s
卧室	17~19	23~25	0.4~1ACH
客厅	22~23	23~25	0.4~1ACH
厨房	17~19	21~23	60L/s
（办公建筑）			
办公室	22~23	23~25	10
走廊	19~21	21~23	10
开放空间	21~23	22~24	10
厕所	19~21	21~23	>5ACH
门厅	19~21	21~23	10
（学校）			
教室	19~21	21~23	10
（商场）			
百货公司	19~21	21~23	10
超市	19~21	21~23	10
卖场	12~19	21~25	10

注：摘自CIBSE Guide A表1.5，ACH表示每小时空气换气次数

4.3.3 视觉舒适性及节能设计

1. 视觉舒适性

建筑照明的目的就是为了保障室内人员安全的工作与行动，同时合理的照明设计又能够使人身心愉悦。照明设计主要关注照度、亮度两方面。

光线到达物体表面单位面积上的光照总量称为照度,单位为 lx。工作照度是指人们对于特定工作所需的光亮。办公室的工作照度为 300~500 lx。

亮度是每单位发光区的光强度,与物体表面反射的光亮有关,取决于表面反射率和照度以及入射光线角度等,单位为 cd/m^2。

在视觉舒适性的检测过程中,我们所关注的影响视觉舒适性的主要环境因素有以下几方面:

- 照度,到达物体表面的光亮,通常采用照度传感器进行采集;
- 光分布,光源形式;
- 显色性要求;
- 眩光,较好的光照设计应减少或降低眩光,它可由过度强光或反射引起;
- 不均匀性;
- 阴影;
- 闪烁:光输出的持续不稳定,通常由一些灯的控制造成,会引起眼部疲劳和头痛。

2. 视觉舒适性设计标准

表 4.3.3 给出的是某些建筑的视觉舒适性标准,以供设计参考:

建筑视觉舒适性节能设计标准　　　　　　　表4.3.3

建筑及房间类型	在适合工作面和高度上维持照度/lx	说明备注
（住宅）		
浴室	150	
卧室	100	学习型卧室要求桌面照度为150lx
客厅	50~300	
厨房	150~300	
（办公建筑）		
办公室	300~500	
走廊	50~100	
开放空间	300~500	
厕所	150~200	
门厅	200	
（学校）		
教室	300	
（商场）		
百货公司	300（公共区域）	
超市	400（公共区域）	收银台和站台需要更高的照明水平
卖场	50~300	

4.3.4 听觉舒适性及节能设计

1. 听觉舒适性

听觉舒适主要的要求是足够安静的环境,以便工作时不受干扰,即没有噪声和振动。声音是一种音感,是由一些振源引起的空气压力变化所产生。因此,产生了频率和声压级的概念。人的听力系统只对 20~20000Hz 的声音有反应,其精确范围因人而异。声压是由听力系统从 2×10^{-5} ~ $200N/m^2$ 的声音测出的,$2\times10^{-5}N/m^2$ 是通常能听见的最轻声音,而 $200N/m^2$ 则可能导致瞬间听力损伤。

影响听觉舒适性的环境因素主要通过两种途径来表现：

1）空气传声：声音大部分通过空气传入耳朵，因此从外部噪声源来的声音进入一个建筑不仅可以通过打开的窗户，而且还可以透过任何裂缝和结构上的缝隙。内部噪声能够穿越空间，并通过吊顶空隙和通风管道传播。

2）结构传声：振动通过固体结构传播，然后被感知，或者在固体界面处进入空气传声。其振源包括机械或引起振动的任何情况，比如坚硬地板上的脚步。

减少噪声最有效的方法就是控制噪声源。一般情况下，我们通过声压传感器来进行数据采集，同时根据不同建筑、不同功能区对声压的标准，进行其他系统的联动以限制噪声的传播。

2. 听觉舒适性设计标准

表4.3.4给出的是某些建筑的听觉舒适性标准，以供设计参考：

建筑听觉舒适性节能设计标准　　　　表4.3.4

建筑及房间类型	声压等级dB	说明备注
（住宅）		
浴室	—	
卧室	25	
客厅	30	
厨房	40~50	
（办公建筑）		
办公室	25~30	
走廊	40	
开放空间	35	
厕所	35~45	
门厅	35~45	
（学校）		
教室	25~35	
（商场）		
百货公司	35~45	
超市	40~45	
卖场	40~50	

注：对设计用途的值可参见CIBSE Guide A中的表格

4.3.5 建筑环境监测技术展望

在建筑环境监测系统的设计过程中，我们往往围绕着上述指标，针对不同的工程，有侧重点的选择环境参数，制定不同的监测方案，确定适合的监测模型，并通过相应程序对环境数据进行比对和处理，继而对建筑设备进行控制。

建筑环境监测系统对建筑节能并没有产生直接的影响，但是它的作用不容忽视。原因就在于，通过建筑环境监测技术的应用，我们可以为其他节能技术提供实时（阶段性）数据，为它们的优化运行提供有利的数据保障。随着绿色建筑的发展和智能化技术的提高，以及人们节能意识的加强，建筑环境监测技术的作用将越来越大。

4.4 能源监测与管理系统

4.4.1 建筑能耗及建筑节能

在我国目前能耗结构中,建筑能源消耗已占我国总商品能耗的 20%~30%。在建筑的全生命周期中,建筑材料和建造过程所消耗的能源一般只占其总能源消耗的 20% 左右,大部分能源消耗发生在建筑物的运行过程中。

我国的建筑运行能耗控制水平,尤其是大型公共建筑的能耗控制水平远低于同等气候条件的发达国家。因此,我国大型公共建筑的节能应该有很大的空间。可通过建立大型公共建筑分项用能实时监控及能源管理系统,采集实际能源消耗数据,结合绿色建筑评价标准,逐步通过管理及技术改造实现建筑节能。

4.4.2 建筑能耗监测系统的相关技术标准

4.4.2.1 国际标准

1)IEEE Std 739-1995,《IEEE Recommended Practice for Energy Management in Industrial and Commercial Facilities》是由美国电气电子工程师学会制定的关于工业和商业企业系统中各系统和设备能量消耗监控和管理的指导性建议。该建议通过实施能源审计,考察建筑物各设备有无能源浪费现象,并对照明系统、空调系统、电机、空压机等系统分别给出了能效判断和提高能效的方法。

2)《IPMVP 国际节能效果测量和认证规程》由国际节能效果测量和认证规程委员会颁布,为评估确认能效、节水和可再生能源项目的实施效果提供了现有最佳技术及方法。

4.4.2.2 国内标准

为逐步建立能耗统计、能源审计、能效公示、用能定额和超定额加价等标准及提高办公建筑和大型公共建筑节能运行管理水平,住房和城乡建设部于 2008 年 6 月正式颁布了国家机关办公建筑及大型公共建筑能耗监测系统技术导则,包括:

1)《国家机关办公建筑和大型公共建筑能耗监测系统分项能耗数据采集技术导则》
2)《国家机关办公建筑和大型公共建筑能耗监测系统分项能耗数据传输技术导则》
3)《国家机关办公建筑和大型公共建筑能耗监测系统楼宇分项计量设计安装技术导则》
4)《国家机关办公建筑和大型公共建筑能耗监测系统数据中心建设与维护技术导则》
5)《国家机关办公建筑和大型公共建筑能耗监测系统建设、验收与运行管理规范》

《国家机关办公建筑和大型公共建筑能耗监测系统分项能耗数据采集技术导则》规定了统一的能耗数据分类、分项方法及编码规则,为实现分项能耗数据的实时采集、准确传输、科学处理、有效储存提供支持。《国家机关办公建筑和大型公共建筑能耗监测系统分项能耗数据传输技术导则》规定了能耗监测系统中能耗计量装置、数据采集器和各级数据中心之间的能耗数据传输过程和格式。《国家机关办公建筑和大型公共建筑能耗监测系统楼宇分项计量设计安装技术导则》统一了楼宇分项计量和冷热量计量的方法。

4.4.3 建筑能源监测管理系统概述

一般来讲，建筑能源监测管理系统就是将建筑物或者建筑群内的变配电、照明、电梯、空调、供热、给排水等能源使用状况实行集中监视、管理和分散控制的管理系统，是实现建筑能耗在线监测和动态分析功能的硬件系统和软件系统的统称。它由各计量装置、数据采集器和能耗数据管理软件系统组成。基本上，通过实时的在线监控和分析管理实现以下效果：

1）对设备能耗情况进行监视；
2）找出低效率运转的设备；
3）找出能源消耗异常；
4）降低峰值用电水平。

通过上述过程及方法实现降低能源消耗，节省费用。

4.4.4 建筑能源监测管理系统架构

能源管理系统一般由各计量装置、数据采集器、管理系统组成，它帮助用户建立实时能耗数据采集、能源管理、能耗数据统计与分析系统等。

以基于 Web 技术的能源检测及管理系统架构为例，各种计量装置用来度量各种分类分项能耗，包括电能表（含单相电能表、三相电能表、多功能电能表）、水表、燃气表、热（冷）量表等。计量装置具有数据远传功能，通过现场总线与数据采集器连接，可以采用多种通信协议（如 MODBUS 标准开放协议）将数据输出。数据采集器通过以太网将数据传至管理系统的数据库中。管理系统对能源管理工程进行组态和浏览能耗数据，将能耗数据按照《国家机关办公建筑及大型公共建筑分项能耗数据传输技术导则》远传至上层的数据中转站或数据中心。

图 4.4.4-1 给出了基于 Web 技术的能源检测及管理系统的架构图。系统采用三层的分布式结构。

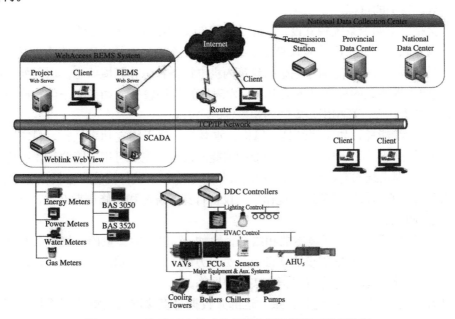

图 4.4.4-1 基于 Web 技术的能源检测及管理系统架构图

能源管理系统提供灵活的组态功能，用户可以根据实际需要配置能源管理工程。能源管理工程可包含多个能源管理组，能源管理组又包含多个能源管理成员，图 4.4.4-2 以某大楼为例，表示了已配置的能源管理组的各类和分项能耗。

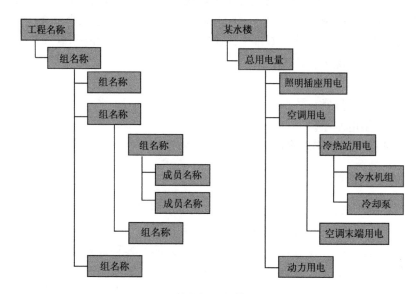

图 4.4.4-2　某大楼能源管理组示意图

4.4.5　建筑能源监测管理系统与 BA 系统

建筑能源监测管理系统的目标是为了对建筑的能耗实现精确的计量，进行能耗分类归总，计算单位平均能耗，并查找耗能点和挖掘节能潜力。

BA 系统的目标是对建筑内机电设备及环境信息进行实时的监测和管理，实现节能、舒适、高效、安全的目标。

一般会把以上两个系统独立设计，作为并行的 2 套系统，末端设备独立、通信联网部分独立、软件独立。但无论是能源管理系统还是 BA 系统，都是体现建筑内机电设备的特征之一，只有两者结合才能描述完整的建筑内机电设备状态和环境状态。原因如下：

1）能源管理系统的表具（包括电表、水表等）价格较贵，如果完全依靠能源管理系统测量，则投资巨大，影响用户安装的积极性。

2）很多被测能耗，如照明灯具、风机、水泵等，属于固定功率运行，只需通过楼宇自控系统测量开机时间，即可得到比较准确的能耗数据，完全可用于能源管理系统。

3）能源管理系统的能耗数据需要和设备状态相结合，进行耗能点分析，才更有价值；同时，设备自身的运行时间及运行规律，与设备自身的寿命和维修周期有关，这同样属于能源管理系统的范畴。

4）能源管理系统要与环境参数相结合，比如：气象参数、室内环境参数等。一方面节能要建立在满足用户正常需要的基础上，另一方面，自然环境的变化对能耗的影响，需要建立长期的数据模型，才能得出符合实际的规律。

5）BA 系统对部分能源进行计量，这部分数据可直接进入能源管理系统，避免重复投资。

6）能源管理系统和 BA 系统可共享总线网络和网络控制器，节省投资。

7）能源管理系统会根据能耗数据进行分析，可对 BA 系统的参数进行调整，以满足节能的目标。

综上所述，能源管理系统和 BA 系统应该作为一个整体加以设计，才能实现数据完整、功能完整、节省投资的目标。

两者的整体设计，建议采用如下步骤：

1）按照能耗分类、分项、分区域的划分原则，列出建筑主要耗能机电设备清单。

2）根据 BA 系统的设计方案，列出 BA 系统已监控的机电设备清单，如为额定功率运行，则计入时间型电计量点；否则不计入时间型电计量点。计入时间型电计量点的设备，需明确记录额定功率值。

3）在耗能设备清单中，除去时间型计量点，余下部分，需全部设计安装专用计量仪表（如：水表、电表、热表等），同时，必须选择带远传通信接口（一般为 RS485 总线）的计量仪表，推荐采用支持开放通信协议的仪表。

4）把专用计量仪表就近接入 BA 系统的 DDC 中。

5）按照标准 BA 系统设计控制部分和通信部分。

6）通过 BA 系统工作站软件提供的对外开放协议接口，读取数据。

7）BA 系统只提供能耗相关数据的实时值，对数据的二次加工（如：把时间型电计量点转换为能耗数值等）和数据统计等，均在能源监测管理系统中实现。

4.4.6　能源监测管理系统实施要点

能源监测管理系统的实施必须符合国家、地方相关技术导则标注及规范。能源监测管理系统的实施必须落实以下几点：

1）能源监测管理系统的目标

能源监测管理系统的目标是为了对建筑的能耗实现精确的计量，进行能耗分类归总，计算单位平均能耗，并查找耗能点和挖掘节能潜力，并最终实现节能减排。

2）能源监测管理系统是一个系统工程

能源监测管理系统是一个复杂和庞大的系统，它需要建筑内多个系统的配合，涉及硬件、软件、网络、环境以及人员的支持，实现前必须对系统的困难作充分估计。

3）能源监测管理系统是一个自完善工程

能源监测管理系统成功的实施，必须是以建筑的管理使用人员为核心，不能完全交给节能顾问及产品供应商。只有建筑的管理者及使用者真正参与进来，能源监管系统才具有意义。

因此，能源监测与管理系统的实施，必须注意以下关键点：

1）现场调查：提前发现实施中可能出现的问题，并预先进行规划和改进。

2）能源监测管理系统必须与建筑已有系统充分结合，并尽量利用已有资源，不能影响现有系统安全及性能。

3）系统必须具有完整的设计方案、工程图纸、设备清单及施工方案等资料。

4）系统建设及验收必须严格执行相关技术标准。

5）进行建筑管理者及使用者的业务培训，提高相关人员业务水平。

6）系统的日常运行维护及定期检修必须制定严格的管理规范。

7）系统应留有一定的升级扩展能力。

4.4.7 案例介绍

建筑楼宇实施了能源监测与管理系统后，通过现场总线、通信网络组成的"神经系统"收集数据，通过管理系统这个"大脑"判断能耗浪费和异常，进行数据分析并做出决策。建筑节能需要经过一个不断循环及优化的过程。本节选取某办公建筑B大厦为例来简要说明能源监测及管理系统在建筑节能中的应用。

4.4.7.1 建筑基本信息

B大厦占地面积42500m^2，总建筑面积40000m^2。大厦地上9层，地下2层，是一座办公智能化、楼宇自动化、通信传输智能化、消防智能化、安保智能化的5A型智能写字楼，每层办公部分和影视部分各一台9kW热水器，影视部分地下一层另设一台热水器，整个建筑共19台热水器。

大厦采用中央空调和新风机、风机盘管系统。整栋大厦风机盘管约有600个。

配电室位于地下一层，由4台1250kVA和1台500kVA变压器组成，各配电支路按不同功能分别由对应变压器分出，变电柜为抽屉式立柜（图4.4.7-1）。

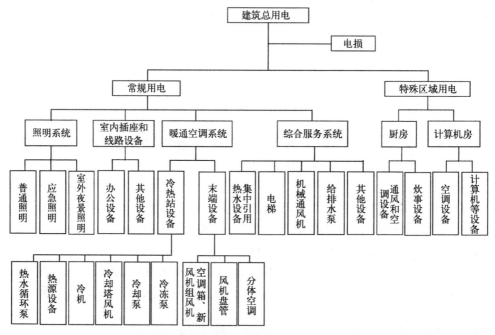

图4.4.7-1 大楼能耗模型

4.4.7.2 分项用能实时监控管理平台建设概要

B大厦通过建立分项用能实时监控管理平台来采集实际能耗数据，并对大厦的现有用能状况进行分析，进一步对空调系统、照明系统等进行节能诊断，得出切实可行的节能方案，包括管理节能和技术节能。

通过实施节能方案，基本实现了减少能源消耗、降低运行成本、提高运行管理水平的目标。

1. 用能分项的划分

根据 B 大厦强电考察分析，此大厦总共可以划分 154 个强电支路，经过后台软件分析和处理，最终形成以下用能分项：

1）照明用电

2）室内插座和办公设备用电

3）暖通空调用电

4）综合服务用电

5）影视演播厅等特殊用电

以上各分项还包括各种二级分项、分项计量设计方法和能耗模型。

2. 设计原则

采用完全符合住宅和城乡建设部颁布的《分项计量技术导则》。

4.4.7.3 分项计量设计

分项计量的基本原则是：在一定投资成本和不改动已有配电线路的前提下，以最大限度地获得能耗分析需求数据为目标，按公共建筑能耗模型在既有配电支路上有选择性的加装电表（如果原配电系统中已有符合要求的电表，则无须再另外添加）。

具体分项计量原则如下：

1）总用电量的计量

在变电站各台变压器低压侧加装电能表。

2）空调系统用电计量

分体空调用电计量。有条件则尽量单独计量，否则计量其上级供电回路总电量。

3）照明、插座系统用电量

有条件则对照明和插座各自总用电量进行单独计量；若两者掺混，则对混合电量进行计量，然后充分利用以瞬态数据特征为基础的标准拆分方法进行拆分。

4）电梯用电量

选择两个典型电梯机房的工作供电回路（消防电梯、高区电梯）加装有功电能表。

5）事故照明回路的用电量

事故照明通常都是走廊和楼梯间的照明负荷，故在其工作回路加装电表。

6）其他用电

这里包括厨房用电、信息中心用电等，在各用电支路安装总计量表即可。

另外还需考虑对集中供热等其他能源供给方式进行合理计量。

4.4.7.4 数据采集系统

数据采集系统主要由采集单元、数据采集器、传输网络和数据中心采集服务器四部分组成。

数据采集单元主要由各种电子远传式采集终端设备组成，包括采集电量的电子式远传电能表、采集水量的电子式远传水表、采集空调冷量的超声波冷量计和采集气量的远传气表等。

数据采集器主要由高性能嵌入式产品组成。

传输网络主要有有线网络和无线网络两种形式。

数据中心采集服务器主要由各种计算机服务器、磁盘阵列和网络设备组成。

4.4.7.5 建筑分项能耗在线监测系统

本工程选用的建筑分项能耗在线监测系统支持详细分项能耗计算、演示；详细支路能耗演示；详细分区（分户）能耗演示；分项能耗与同类建筑横向对比（需与数据中心联网）；能耗问题诊断功能。适合政府建筑能耗管理者和决策者使用（图4.4.7-2～图4.4.7-5）。

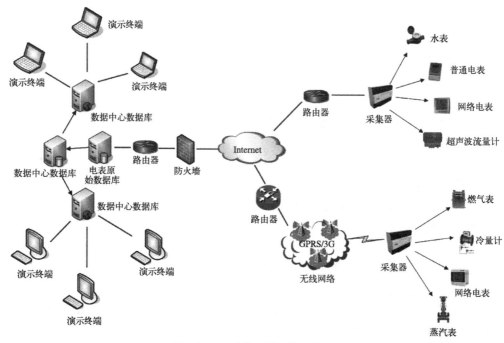

图 4.4.7-2　采集系统网络拓扑图

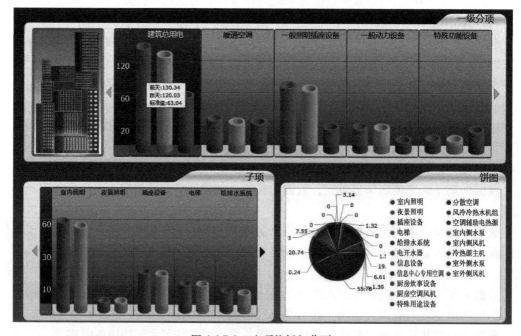

图 4.4.7-3　分项能耗细节页

4.4 能源监测与管理系统

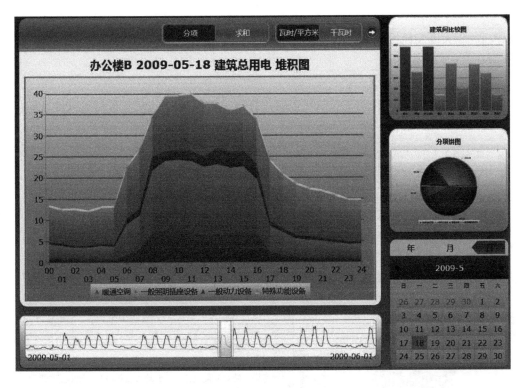

图 4.4.7-4　分项能耗分析图

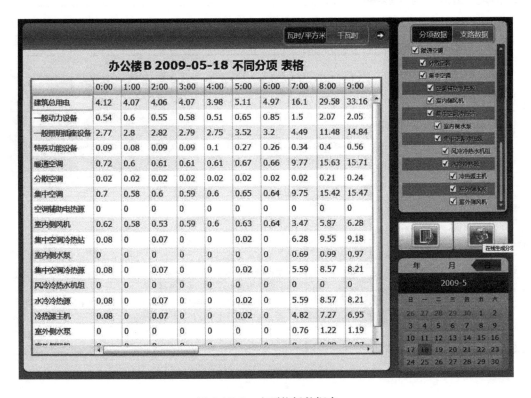

图 4.4.7-5　分项能耗数据表

4.4.7.6　B大厦能耗报告

总能耗情况

月总能耗情况：

大厦2009年7月总耗电量为26.1万度。平方米总耗电量为6718Wh/m^2。与同类型建筑同期相比，耗电较低。

与去年7月份相比，月用电量变化不大（见右图）。本月耗气量为1.1万m^3，耗水量为1030吨。与去年同期相比，变化不大。

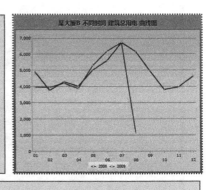

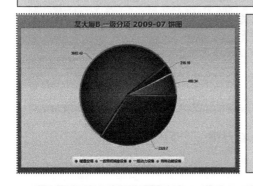

月分项能耗情况：

大厦2009年7月各分项能耗比例如左图。耗电量最大的分项为照明插座设备，占总能耗55%。耗电第二大的分项为暖通空调，占总能耗的35%。

大厦一般照明插座设备耗电处于同类型建筑中等水平，暖通空调、特殊功能设备、一般动力设备均处于耗电较少水平。

日总能耗情况：

大厦本月逐日电耗见右图。

工作日日均电耗9001度，工作日平方米电耗232度/m^2。与同类型建筑同期相比，耗电较低。

非工作日日均电耗6458度，非工作日平方米电耗166度/m^2。与同类型建筑同期比较，能耗中等。

大厦工作日、非工作日用电相差不大。建议加强非工作日用电管理。

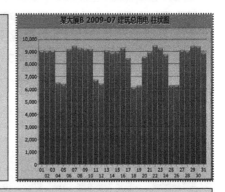

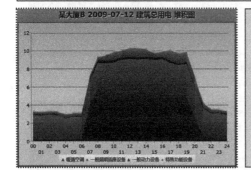

典型工作日能耗情况：

大厦典型工作日耗电左图。

早上6点到8点为上班阶段，晚上7点到10点为下班阶段。工作时段耗电平稳、变化不大，每小时平方米耗电10度左右。与同类型建筑比较，能耗偏低。

夜间时段耗电平稳、变化不大，每小时平方米耗电3.3度左右。与同类型建筑比较，能耗中等。

4.4 能源监测与管理系统

分项能耗情况

分项能耗情况：

各一级分项本月耗电量均低于同类型建筑平均水平

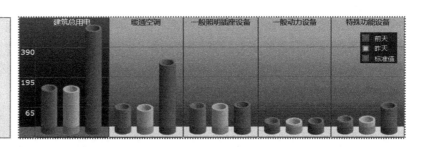

	7月总电耗(kWh)	工作日均耗电(kWh)	非工作日均耗电(kWh)	同期比较变化趋势
建筑总用电	260644	9270	6316	↓
暖通空调	90393	3519	2195	↑
照明	100752	3402	2112	—
信息中心	347	6	15	↓
厨房设备	18639	630	577	
集中空调	85711	3363	2047	—
集中空调冷热站	68322	2833	1574	↑
集中空调冷热源	62285	2634	1413	—
水冷冷热源	62285	2634	1413	↓
室内照明	99569	3366	2073	—
夜景照明	1182	36	40	
插座设备	35250	1186	991	
电梯	7676	291	137	—
给排水系统	711	34	6	↓
电开水器	6877	201	282	↑
信息设备	347	6	15	—
信息中心专用空调	0	0	0	
厨房炊事设备	6247	213	173	
厨房空调风机	12392	417	404	↑
特殊用途设备	0	0	0	—
分散空调	4681	155	148	↑
风冷冷热水机组	0	0	0	
空调辅助电热源	0	0	0	—
室内侧水泵	6037	199	161	
室内侧风机	17389	531	473	↑
冷热源主机	52408	2305	1115	↑
室外侧水泵	8545	281	273	↓
室外侧风机	1333	48	25	—
一般照明插座设备	142878	4790	3385	↑
一般动力设备	8387	325	143	↓
特殊功能设备	18986	636	593	↓

1. 存在问题

1）大厦工作日、非工作日用电相差不大，存在周末能耗管理漏洞；

2）暖通空调月耗电量与同期相比较高，但根据同期气象参数对比同期空调系统负荷基本一致，具体分析发现集中空调部分持平，分散空调部分增多，因此问题主要存在于分散空调部分；

3）大厦一般照明插座设备耗电高于历史同期，但室内照明、插座等分项能耗持平，电开水器能耗较高，因此分析得出问题源自电开水的管理；

4）根据实际情况，正常上下班时间为8：30至17：30，但大厦的暖通空调系统运行时间为6：00至21：00，空调提早及滞后运行时间过长。

2. 改进意见

1）建议加强非工作日用电管理；

2）建议加强分散空调的管理，监督大楼使用者对分散空调的使用时间；

3）建议周末及下班等非工作时间，由物业人员关闭大部分楼内电开水器，仅保留个别位置备用；

4）调整暖通空调的运行时间，建议设置为7：30至18：30；

5）可通过夜间运行1至2小时排风机来排出大楼白天所积蓄的热量，降低空调开始运行时的负载。

4.5 信息集成系统

4.5.1 智能建筑信息集成系统总述

随着技术的不断前进，各类关于绿色概念的建筑专业设备和技术正不断涌现，例如基于LED方式的照明系统，基于水、风、太阳能的各类绿色清洁能源的引入，水/地源热泵技术的出现。这一切，使得现代建筑建设运维过程中的绿色能力逐步增强，但是在目前大多数的应用中，这些专业系统仍处于各自为政、自成体系的相对独立状态，没有能够很好地与建筑内其他的基础智能化子系统实现互联互通，更没有与建筑物所承载的功能以及业务特点相结合，难以实现系统间的有机整合。因此，无法从全局角度整合各个子系统的能力，难以发挥和体现这些绿色技术所能带来的最佳效能。因此，在绿色建筑智能化项目的建设中，最终需要建设一套符合绿色建筑智能化信息集成系统通过集中采集、全面分析、综合协调以及智能管控的手段，最大限度地发挥各子系统的能力。

绿色建筑智能化能够得以实现的前提核心是楼宇智能化系统全面集成，通过智能建筑信息集成系统实现对楼宇设备自动化系统（BAS）和通信自动化系统的整合，实现信息、资源和管理服务的一体化集成与共享，才能够实现针对楼宇内，业务经营模式对环境的需求与影响等等加以合理分析，并通过全方位、各系统的综合调度与调控实现绿色、环保与智能的建筑智能化建设目标。而这一过程的具体表现，就是借助日益成熟的Internet/Intranet技术，将建筑系统中，传统的BAS、SAS、FAS、OAS及CNS（通信与网络系统）、INS（信息网络系统）集成为一个有机的整体，最终实现设备监控、业务管理等全方位的信息资源的集成管理。

4.5 信息集成系统

这种集成实现的技术基础是数据库技术和网络技术，而针对各子系统信息的异构性和分布性的特点，如何具体实现各个子系统的有机集成，其本质是屏蔽异构环境的细节，以实现各子系统间正确的通信与互操作，从而完成从全局角度出发的各种建筑智能化系统的应用。

4.5.2 智能建筑信息集成系统架构

智能建筑信息集成系统在三层架构（应用与展示层，数据处理层，数据接入层）基础上，自下至上可细分出五个层次（图4.5.2）：

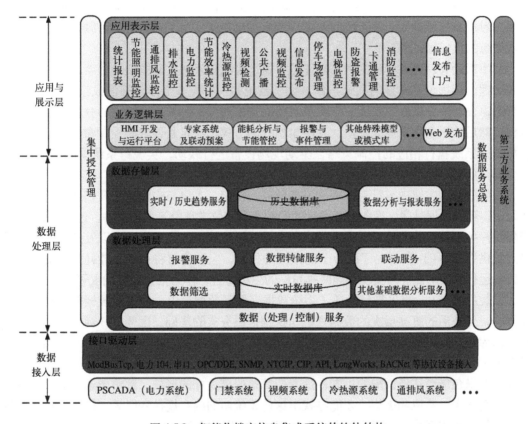

图 4.5.2 智能化楼宇信息集成系统的软件结构

1. 应用表现层：是整个系统的对外展现窗口，是管控人员掌控当前整个系统运行状态及能耗状态的窗口，通常应包括各种监控画面和报表画面。应用表现层展示的子系统包括消防报警系统、防盗报警系统、广播系统、视频监控、楼宇自控系统、一卡通系统、停车场系统、地源热泵系统、节能监视系统、节能效率统计系统、能源信息集成系统等。同时为了便于系统的部署、使用和维护，还应提供 Web 方式的管理门户，便于高层级管理人员的远程管控需求。

而系统的统计报表系统在提供传统的、基于设备报警报表、设备故障报表、重要的设备参数运行记录参数的同时，还应结合系统内绿色系统的能力，提供例如绿色能源供需分析、能耗对比分析、重点能耗与业务及区域的关系，以及能耗指标超标、预警分析、设备运维统计等与绿色环保密切相关的各类分析数据，切实为优化绿色运维管理策略提供基础数据支撑。

为了便于各类报表的汇集，并针对不同管理单位的关注重点实现数据聚焦，系统应该配置方便快捷的报表生成工具，可灵活的定位各类日报、月报、季报、年报的生成，实现对数据存储的时间范围、间隔、起始时间的指定，并可查询历史数据。此外也可以根据需要生成更加直观丰富的统计图表，支持的图表类型包括直方图、饼图、曲线图等。通过丰富的数据分析方式和手段，提高建筑管理水平和设备运维效率，为节能减排分析，提供相关参考信息。

2. 业务逻辑层：是整个系统的逻辑处理层，包括联动管理、报警管理的逻辑功能处理模块。对于智能建筑各个子系统的协调、调度都将在这一层予以执行，可以说是智能建筑绿色概念的执行层。

其中联动管理模块实现的主要功能是，通过跨越子系统之间的联动关系设定和联动条件的管理。根据设定常规的联动条件（如子系统的一个或多个参数阈值或组合运算结果）的判断，或者接受来自专家库、专业子系统的管控模型库等专业库给出的分析结果和执行建议。然后使用全自动或人工确认并决策执行的方式，决定是否输出控制命令，让被联动的相关子系统执行相应的控制策略，驱动现场设备进行联动，实现跨系统间的协调调度，从全局角度整合发挥各个子系统的能力。

报警管理的主要内容针对常规的设备故障、报警、入侵与安保事件及消防报警等作专业处理，可以根据时间、设备以及登录的管控人员席位或身份等多种条件，过滤报警事件，聚焦用户关心的事件，并对这些事件进行存储、检索管理，为事后追溯以及总结优化管理模式提供数据基础；同时为了配合节能减排的目标，应该能够将和各类能耗相关的以及机电设备运行负载均衡等与实现节能减排目标的分析警告，作为报警事件纳入管理。

3. 数据存储层：将采集到的各子系统数据存储到数据库中，并做好数据的归类用于初步分析，为今后的更高层次的数据分析与挖掘提供夯实的基础。因为，任何算法、模型以及知识库的累计，都离不开丰富翔实的基础数据。例如根据建筑物的能源需求关系，参照绿色能源的能效贡献比，再结合建筑物内外环境参数（气候、温湿度、客流、密度等），形成一套绿色能源切换调配的机制，这看似简单的模式库的形成，都需要通过对大量基础数据信息集中、萃取和提炼，才能寻找出这些系统间的内在规律和联系。因此，这层是智能建筑信息集成系统业务逻辑层中各类分析算法得以实现的基础。

数据存储层为进一步的数据分析、检索、查询提供依据。该层会将存储采集到的现场设备的数据信息，通过数据转储模块，将数据信息存储到Oracle、SQL、DB2等主流的大型商用关系型数据库中，便于今后数据挖掘的开展，而在数据转储模块中，可定义将数据点的参数装载到数据库中对应表的字段上，采样时刻的日期和时间同时被存储到相应表的时间字段上，同时还可以定义历史数据的采样间隔时间，确保历史事件回溯的准确性与可靠性。历史数据至少应能够保存3个月以上，并通过配合历史/实时趋势分析、报表服务等，为历史数据的挖掘分析提供基础。

4. 数据处理层：这一层的核心是实现对接口层上传的原始数据到数据存储层的转换，完成数据的规范化处理，便于系统内部的数据分析处理。其中应该设置有高性能的实时数据库，完成对驱动层所采集到的各子系统数据的管理，并实现数据格式转换、存储转发。

同时，通过在这最接近数据源头的处理层，针对实时数据的分析、处理，能够高效的提炼出智能楼宇管控需要的信息、事件与报警信息，高效的识别聚焦所关注的关键信息，并及时转发给逻辑处理层，确保针对各类实时信息、数据以及事件的高效的应对和处置。

5. 接口层：这一层是系统得以建立的基础，系统需要具备灵活、宽泛、开放的框架，能够实现对各类智能建筑子系统所采用的标准化协议的快速接入，实现市场主力标准化产品的接入。而通过提供构建化、开放的定制开发架构，系统应该能够实现对部分非标子系统的接入。实现对各类异构子系统的数据采集，并处理下发设备的一些控制指令。

此外，为了实现对智能建筑中多部门、多级别管控的需求，在智能建筑信息集成系统中，需要纳入统一身份验证系统。该系统应该在整个系统架构中，从数据接入层便开始贯穿一种统一的身份验证框架，以这种可细化到具体设备接入点的授权管理方式，实现与管理单位结构相匹配的授权管理，并细致到具体某一资源的权限控制，从而在提供良好的安全性的前提下，确保权限设置的灵活性。

当然，从着眼未来的角度出发，考虑到智能建筑系统在运维管理中与其他第三方业务平台之间的数据互联互通的需要，更是作为未来数字化城市的一个重要组成部分的需要，智能建筑集成系统还需要具备良好的可扩展性与可接入性，因此建议在系统的数据接入层之上建立一套符合SOA架构的标准化数据总线接口，便于系统与可能的第三方系统实现快捷、标准的互联互通。

4.5.3 智能建筑信息集成系统的基本功能

1. 智能建筑信息集成系统集成楼宇自控系统。楼宇自控系统一般包括空调与通风监控系统、给排水监控系统、照明监控系统、电力供应监控系统、电梯运行监控系统等。主要功能包括：

1）空调系统/集中供冷系统主要监视设备（包括新风机组、空调、风机等）的启/停；新风机组和空调机组的风门执行器、调节阀的启/停；

2）给排水系统主要监视水泵的运行状态、故障显示；各类水池、水箱的水位及报警等；给排水系统中主要控制水泵的启/停等；

3）电力供应监控系统主要对高低配电系统各参数进行监视；

4）照明监控系统主要对大楼及公共区域的照明设备进行监控；

5）电梯监控系统主要对电梯运行状态信息进行监视；

6）报警管理：当系统设备出现故障或意外情况时，智能化集成系统将进行采集和记录。报警管理功能自动运行，无需操作人员介入。当设备发生故障时，在显示器上弹出警示提示窗口，并显示报警点的详细信息资料，包括位置、类别、处理方法、时间、日期等，并由系统自动将报警信息备案。发生设备故障时，能提供故障驱动，并在确认故障信号后，向相关系统发出联动指令。

2. 智能建筑信息集成系统集成安防系统，主要功能如下：

1）监视防盗报警系统的防区状态，对防区进行布撤防控制，当防区发生报警时或者设备出现故障时，智能化集成系统将进行采集和记录。

当防区发生报警或设备发生故障时，在显示器上弹出警示提示窗口，并显示报警点的详细信息资料，包括位置、类别、处理方法、时间、日期等，并由系统自动将报警信息备案。

系统自动产生报警记录明细报表，发生防盗报警时，能提供报警联动，并在确认报警信号后，向相关系统发出联动指令。

2）智能建筑信息集成系统集成安防的电子巡更系统，主要功能包括：提供所有巡更路线的运行状态；提供所需巡更站点的信息（太早、正点、太迟、未到、走错）提供巡更信息的历史记录；提供人员的考勤报表。

3. 智能建筑信息集成系统集成火灾自动报警系统，主要功能包括：

1）提供各类火灾报警探测器的报警统计，归类和制表；

2）提供以事件联动程序信息为主的报表，报表内容包括：报警设备地址码、描述，联动设备名称、描述，报警时间等；

3）提供消防值班员确认火灾报警信号的时间和修改者账号的资料；

4）提供消防设备运行状况的信息；

5）当火灾报警时，能提供报警驱动，并在确认报警信号后，向相关系统发出联动指令。

4. 智能建筑信息集成系统集成广播系统，主要功能如下：

1）系统提供广播回路的报警统计，归类和制表；

2）系统监控广播音源、监视广播回路的运行状态、故障及报警信息。

5. 智能建筑信息集成系统集成一卡通系统，主要功能如下：

1）系统监视一卡通系统设备的运行状态、故障报警；

2）系统能把监视一卡通系统的相关数据共享给物业和办公自动化等系统；

3）系统能把智能卡的有关授权信息共享给相关子系统和设备；

4）系统能对一卡通信息（包括进出门信息、门禁信息、消费信息、充值退款信息、停车场信息等）进行多功能查询。

6. 智能建筑信息集成系统集成停车场系统，主要功能如下：

1）系统监视停车场系统的闸机运行状态、故障报警；

2）系统监视停车场系统的已停车位、剩余车位数；

3）车库车辆数据查询、打印；

4）进出库车辆信息统计、查询、打印；

5）停车场收费信息统计、查询、打印。

7. 智能建筑信息集成系统集成多媒体显示系统，主要功能如下：

1）系统监视多媒体显示系统设备的运行状态、故障报警；

2）系统能把多媒体显示系统的相关数据共享给物业和办公自动化等系统；

3）系统可在发生紧急情况下利用多媒体显示系统，显示疏散或逃生信息。

8. 智能建筑信息集成系统集成网络系统，主要功能如下：

系统可查询相关的网络信息。包括状态信息、流量信息、故障信息以及报警信息、历史数据等。

9. 智能建筑信息集成系统集成地源热泵系统，主要功能如下：

1）系统主要监视设备的运行状态、故障报警；

2）系统能把地源热泵系统的相关数据共享给物业和办公自动化等系统。

10. 智能建筑信息集成系统的综合联动功能

智能建筑信息集成系统通过对各子系统的集成，能有效地对建筑内各类设备进行监控，实时查看到对应的视频图像，当发生报警时能有效地对建筑内各类事件进行全局的联动管理。

1）智能建筑信息集成系统集成安防的防盗报警系统，某防盗报警装置检测到有入侵发生时，防盗报警主机向智能建筑信息集成系统发送防盗报警的消息。系统根据预先设定的联动预案，将工作站的视频画面切换为报警点附近的摄像机图像，并以声光的形式提醒监控管理人员注意已有防盗报警情况发生，在监控终端上显示有关报警的信息，在监控中心播报出相应的语音报警信息；启动照明系统，协助进行进一步的警情确认，及起到震慑作用；同时还可以通过移动网络将报警信息及时的发送到负责人的手机上，也可以进行电话语音报警、E-mail 通知方式报警。

2）智能建筑信息集成系统集成安防的电子巡更系统，能自动打开巡更点区域的照明，以利保安人员对附近区域进行观察。

3）门禁系统与照明系统能完成如下联动功能：当光线不足时，自动打开相关区域的照明；当发生非法入侵警报时，自动打开相关区域照明，关闭相关区域门禁，以便保安人员进行观察确认警情。

4）智能一卡通系统与停车场管理系统进行集成后，当发生警报时，能自动打开车库出入口的栅栏机，以便车辆能及时疏散。

5）根据其他子系统发生的报警和故障联动楼宇自控系统设备，对设备进行启停控制。

6）基于时间计划的批量联动控制，可设定基于固定周期、间隔的，或基于日历、节气等条件，自动批量执行对多个子系统设备的序列化联动调度操作，能够大幅降低管控人员的劳动强度。

4.5.4 智能建筑信息集成系统在节能方面的体现

随着近年来绿色环保、节能减排的概念逐步得以实践，其所包涵的内容，早已从传统的简单地使用清洁能源、节约使用，逐步拓展到合理使用设备、延长设备使用寿命、提高系统效能、合理调配能源、减少人力消耗等诸多宽泛的概念，因此，建议作为一套绿色智能建筑信息集成系统，在绿色节能方面，除了传统的基于监测阀值并联动设备这种简单的联动调度之外，还需要体现以下几大方面的能力：

1. 基于各类模型和算法分析结果的调度

对多子系统间的综合数据和外部系统的信息进行分析及模型计算后，对一系列设备进行调度，以实现最优化运行。

例如，空调系统，除了结合温控检测目标外，还可结合当日的气象条件、季节变化，以及建筑区域的面积、内部客流信息等，选取不同的运行模型，通过控制风阀开度、空调出风口温度设定参数、新风量等，及通过合理的调配，在提高系统运行的能效比的同时，调整好室内温度和通风的舒适度。

再例如，针对商务楼宇，能够通过结合 RFID 识别、感应识别等多种检测技术，甚至通过与物业管理系统关联的会晤安排，根据会议室等区域的人流信息，自动启停相关区域的风机盘管送风，自动控制照明模式的切换与开闭，避免能源浪费。

2. 智能化的设备运维管理

一套良好的设备信息集成系统，应能够有效地实现对在线设备巡检，并结合设备与运营特点，合理调配设备的维护、运行时间与运行负荷，保持设备最佳运行模式和状态，有效延长设备生命周期，并降低维护工作量。而从降低设备损耗、延长设备使用寿命以及降低人员劳动强度（同时降低其在巡检过程附带的电梯、照明等相关消耗）的角度来说，也可视作一种节能减排的模式。

具体的设备管理包括设备故障管理、设备维护管理和设备信息统计：

1) 设备故障管理：当设备发生故障时，管理中心发出声光报警并由值班人员通知维修人员处理现场事故，同时采用手机短信、电话、E-mail方式通知相关负责人有故障发生；并将设备故障信息存储到数据库，记录至少可保存三个月，生成相应的报表，以供回溯。

2) 设备维护管理：在楼宇中对设备的定期保养是合理分配大楼整体系统的维护总工作量的有效方法。利用智能建筑信息集成系统设备维护管理模块，可以随时掌握设备的保养进展工作，并定期打印派修单，使整个维护过程划分到不同的时间段，更有效的合理利用人力资源，以防造成同时维护而人力不足的情况发生。主要功能包括：

● 建立楼宇智能化信息系统的资产树，并以此为基础整理所有资产的静态基础信息，形成清晰、完整的资产台账，构建维护人员、调度人员、采购人员、维修人员共同沟通的信息平台。同时，对设备的规划、安装、维修以及最终报废等动态信息进行及时的状态更新和维护，对设备的使用、租赁、报废等业务进行管理和跟踪，实现设备的全生命周期管理。

● 能够在点检工作的基础上，逐步建立楼宇智能化信息系统的点检知识体系，形成标准。

● 对设备管理的要求设定相关的KPI，并通过系统自动收集系统中的数据并及时反映，实现管控一体、实时高效、安全经济的维修目的。

● 全面准确记录、保存设备各项数据，特别是设备维修全过程，并对其进行全方位分析，建立故障数据库；为关键设备制定合理的维护规范与计划，提高维修效率，降低维修成本；降低事后维修的比例，提高预防性维修和状态维修的比例，从而提高设备的利用率和降低运营成本，避免或减少因设备运行过程中维护或维修不当而发生的安全事故；利用系统提供的流程和数据，安排合理的备件采购，从而降低备件采购成本，建立备件合理的库存。

3) 设备信息统计分析主要功能包括：

● 统计各系统主要设备实际运行时间，当设备达到点检时间时自动提醒；

● 计算一组设备运行的不均衡度，当达到一定程度时进行自动提醒，也可以自动进行均衡，如空调设备、电梯设备、照明设备的运行均衡；

● 统计各类设备报警信息、报警频率等，如防盗报警可统计防区报警频发点，对于频发点，可以通过加强巡逻或者调整摄像头位置等手段进行预防；又如空调温度的控制，通过跟踪监控温度检测设备的参数，可通过采取一些手段，如改变送风口位置，清洁送风通道等方式，尽可能优化调温效果；

● 统计各类设备故障信息、故障频率等，对于故障频发设备，可通过采取一些手段如更换设备或者减少使用该设备的频率等尽可能避免故障的发生。

3. 节能监视与建议

通过采集冷热机组、冷水机组、智能照明及各种计量仪表数据的运行数据，在智能建筑信息集成系统中进行统计对比分析，可判断子系统是否处于节能运行状况，并及时给出相关的节能建议甚至节能操控。例如，在电力终端，如照明系统，能够根据照度、季节、时间以及人流密度信息联动照明系统，制定照明控制策略，优化照明供电消耗。

同时，基于全数字化的用电量计量、预警及调节，根据经验及需求设置电量计量警戒线，当发现用户用电情况异常时，系统能够及时给出通知，减少出现长时间浪费电能现象。为每个用户设定用电限额，超过该限额时进行预警及采取调节措施。此外，通过合理调配设备运行模式，例如通过变压器负荷监测，根据变压器配置情况，在检测到总负荷低于单台变压器的容量的某个比例时，给出提示及优化建议，可动态调整变压器运行方式，提高设备利用率，实现节能减排目标。

BMS平台应能实现在终端用户侧，对能耗数据分类统计（最值分析、均值分析、异常值分析）、检索，计量参数包括功率、谐波、需量等，并建立能耗计量数据库，统计分析重要能耗参数，制作动态曲线，并可以提供能耗时报、日报、月报、年报。

4. 节能效率统计

本模块对各种节能系统的电力消耗和产生/节省的能量进行准确计算，统计出各种设备的节能效率，为设备后续的合理使用，提供科学的数据依据。通过分析对象的能量的输入/输出关系，揭示出能量在数量上的转换、传递、利用和损失，确定系统的总体能效、系统某部分的能效；建立能耗计量的历史数据库，以便实现能耗的分析和优化，便于节能效率统计、评价节能效果。

5. 基于数字城市的信息共享实现绿色目标

智能建筑作为未来数字城市的一个组成部分，应该通过在建筑内分享城市信息，例如交通出行信息、观光景点信息、停车库信息等，实现与城市的双向互动。通过合理的内部调度，为更高层次的绿色节能目标作出贡献，例如，通过分享停车库诱导信息，减少周边交通拥堵以及车辆尾气排放；通过向内部分享交通出行信息，让人员合理选择交通方式，合理分布交通方式等，这都能够为建设绿色数字城市、提供有效的帮助。

4.5.5 智能建筑信息集成系统性能指标

通常而言，在具备一定规模的智能建筑中，集成平台往往需要完成对10余个以上的子系统的数据与资源实现集成管理，涵盖视频、音频、数据文件等多种形式和格式的数据信息，而运维管理人员团队规模也较为庞大。

通过典型项目的参考估算，一栋42层地面和3层地下的、拥有11个类似子系统的大楼，其BMS系统的数据接入规模在3.5万点左右；上海环球金融中心大厦（492米，101层）中，仅VAV控制系统的监控点数量就达到了3.6万个以上；沙特哈利法大厦（828米，160层），仅视频系统探头数量超过1000个，门禁数量超过3000，无线对讲子站超过800个。因此，在建设智能建筑信息集成系统时，为了确保其高效运行，同时也作为实现科学管理和能源节约的途径，其性能指标对于信息集成系统的实施具有重要指导意义，这里提出以下建议：

- 单服务器处理能力可达50000点/秒；
- 客户端数据变化的刷新时间不大于2秒；
- 设备报警信息从产生到客户端显示的时间不大于1秒；
- 控制指令下发到设备响应的时间间隔不超过500毫秒；
- 组态画面终端刷新时间最小500毫秒；
- 历史趋势数据一般保存3个月及以上；

- 节点服务器冗余切换时间不大于 3 秒。

通过使用智能建筑信息集成系统，争取达到以下效果：

1）减少维护人员 30% ~ 50%；
2）节省维护费用 10% ~ 30%；
3）提高工作效率 20% ~ 30%。

4.5.6 案例介绍

BMS 系统是现代绿色建筑中获得明显节能效果的重要手段之一，本节主要以上海某商用大厦建筑的 BMS 系统为例，描述了 BMS 系统在现代大型建筑中的作用。

从结构上，该 BMS 系统分为三层：

1. 管理中心层：负责整个系统协调运行和综合管理；
2. 监控层：即各分系统，具有独立运行能力，实现各系统的监测和控制；
3. 现场设备层，包括各类传感器、控制器、执行器等。

在本案例中，通过 BMS 系统实现了各子系统的协调控制和连锁联动，实现了各智能化子系统的统一集成和综合管理。整个系统基于网络构建，通过浏览器的方式进行管理。被集成管理的子系统主要包括（图 4.5.6-1）：

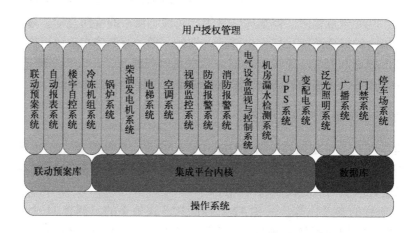

图 4.5.6-1 某商用大厦 BMS 系统软件架构图

1. 监控保安系统

1）闭路电视监控系统：在办公楼主要通道、大厅等公共场所共设置黑白低照度摄像机 57 台、室内彩色球型一体化摄像机 9 台、室外彩色球型一体化摄像机 4 台、微型黑白半球摄像机 5 台，采用矩阵控制系统对视频及控制信号进行处理。系统通过矩阵控制系统将闭路电视监控系统集成到 BMS 中。

2）防盗报警系统：在办公楼主要通道、财务室等重要场所设置探测器 20 个，系统可与闭路电视监控系统进行联动控制，也可集成到 BMS 中。

3）门禁系统：在办公楼主要通道处共设置 29 套双向门禁、3 套单向门禁信息集成系统。在完成门禁管理需要的同时，将其集成到 BMS 中，完成与其他系统的联动，达到集成管理的需要。

2. 楼宇自控系统

本系统主要管理的设备包括：空调机 5 台，消防低噪声柜式离心风机 12 台，冷水机组 4 台，冷热水循环泵 5 台，5 台电梯，4 个污水坑，2 台生活水泵，1 个生活水箱。楼宇自控系统为开放式集散系统，实现对用户的开放性，可以提供标准接口，通过 TCP/IP 实现与 BMS 的集成。

3. 车辆出入信息集成系统

停车场信息集成系统对办公楼的地下停车场进行出入管理，共有 2 个双通道出入口，配置 2 套出口机、2 套入口机、1 套视频对比系统及管理中心设备。BMS 系统通过 ODBC 接口获得停车场系统数据。管理人员可以随时通过网络查询事件信息、停车场的出入情况和停车场系统的管理信息，对停车场的使用进行全面掌握。

4. 消防报警系统

消防报警系统通过语音、报警盘提示整个大楼的火警信息，并报告系统的故障信息。系统与 BMS 系统进行了集成，实现各类信息的交互和共享。

本建筑 BMS 系统具有如下一些特点：

1. 集成完整

智能化系统通过统一的数据平台，实现对楼内暖通、安防、电气等各类系统的集中监控集成，可覆盖原各系统独立的操作软件的基本功能，实现主要的监控功能，并可拓展原有系统的操作范围，使得具备权限的用户可在各自工作站上，根据需要实现对全部或部分系统的监控操作。

2. 监控数据有机整合

系统通过对于全部设备的整合，将原先分散在各个子系统内的数据实现有效的汇聚和整合，这样就能够突破原先系统间的割裂状态，实现不同系统的数据关联，及数据分析的自动化和智能化，为物业服务以及安保服务质量的改善提供有益的帮助。

3. 集中授权管理，实现客户端模块动态加载

集中监控平台对应用系统使用者的账号进行集中管理，提供统一的标准登录画面和应用画面模版，提供对指定账号、指定资源权限的检查接口。根据用户的不同管理权限，监控平台可以向不同用户开放不同的控制权限，仅加载与权限匹配的模块，或者限制不具备权限的用户的操作动作，可完全代替原各独立系统单独授权管理的传统模式。

4. 基于 Web 的授权管理方式

与以往的基于 C/S 的授权管理方式不同，本系统对于权限的管理无需与具体的授权管理软件绑定，管理者无需专门安装授权管理软件。系统采用基于 Web 的授权管理方式，管理者只需使用 IE 等网络浏览器即可实现对系统操作员的监控授权进行管理。

5. 集中数据存储

通过集中监控系统平台所配置的数据库系统，对所集成的各子系统数据进行集中采集、处理和存储归档，充分满足后续各类统计分析的要求。

6. 智能联动预案

通过集中监控平台实现跨系统联动调用及自动联动预案执行，如根据报警对象联动页面等。

7. 丰富的数据及全面地联动管理为节能减排提供基础

任何一种节能减排运行模式、能源管理措施、设备间联动控制关系等，都需要建立在长期的能耗统计分析基础上。而节能减排措施的效果验证，以及持续优化，也都需要构建在丰富翔实的数据基础上。因此，需要信息集成系统详细收集各个能耗单元的数据，挖掘其中的关系，在提供能耗信息的基础上进行能耗分析，并协助制定系统间的联动关系，优化能源管理措施（图 4.5.6-2）。

图 4.5.6-2　大厦 BMS 系统监控中心实景图

第5章 绿色建筑智能化的特色应用

5.1 绿色照明控制系统

5.1.1 概述

照明控制的发展共分为三个阶段：手动控制阶段、自动控制阶段和智能控制阶段。

简单的照明一般采用开关或者断路电器等进行控制，这种手动控制方法在回路较少的的情况下简单、直观、方便，但不能满足现代社会大规模、高精度照明控制的要求。

由于远距离控制的需要，照明开始采用触发器、继电器和时钟等进行控制，从而进入了自动控制阶段。自动控制的设备主要起到的是定时、远距离和集中控制的作用。例如，写字楼的照明系统，可以在一定时间内集体开关和远距离集中控制；又例如，路灯系统，可根据本地日照情况集中控制多条道路的路灯开关。

随着计算机技术的出现，照明控制也进入了智能控制阶段。智能控制系统以计算机和网络技术为核心，以计算机技术、通信技术、自动控制技术等互相渗透为基础，以现代化多种光源共同组成的照明系统为控制对象，以人机交互为最终目的。

随着现代科技的发展，高效节能的LED绿色照明技术将取代传统光源成为主流照明技术。LED照明与智能控制的结合也是未来绿色低碳技术的必然趋势。这一技术在2010年上海世博会中已得到广泛应用。

现代的智能化照明控制系统是数字化、模块化的分布式控制系统，整个系统由控制模块、探测模块、操作模块等部分组成。操作模块可分成开关操作和调光操作；探测模块主要包括照度探测器、红外线探测器、声光探测器等；控制部分又分为单体控制、群组控制和模式控制等。现代化的智能照明控制系统的控制部分并不是集中在某一控制区内，而是分散在整个回路的多个部分，根据回路中的不同光源点的实际情况及事先设定要求进行分布式控制。

智能照明控制系统不仅能控制照明模式，还能对于单体照明回路进行个性化调节，从而达到节约能源、延长灯具使用寿命的目的；同时营造出舒适的生活和工作环境；减少翘板开关造成的电磁污染；最大限度地展现绿色建筑节能、节材的理念。

5.1.2 照明控制系统原理与特点

智能照明控制系统利用电磁调压及电子感应技术，对供电进行实时监控与跟踪，自动平滑地调节电路的电压和电流幅度，改善照明电路中不平衡负荷所带来的额外功耗，提高功率因素，降低灯具和线路的工作温度，从而达到优化供电目的。智能照明控制系统在确保灯具能够正常工作的条件下，给灯具输出一个最佳的照明功率，既可减少由于过压所造成的照明眩光，使灯光所发出的光线更加柔和，照明分布更加均匀，又可大幅度节省电能。同时智能照明控制系统采用计算机编程，将外部环境的监测、灯具的监控与跟踪、系统的优化集成到一个平台或模块上，有利于进行集中式的智能化管理。

智能化照明控制系统具有以下特点：

（1）集成性。集计算机技术、网络通信技术、自动控制技术、微电子技术、数据库技术和系统集成技术于一体的现代控制系统。

（2）自动化。具有信息采集、传输、逻辑分析、智能分析推理及反馈控制等智能特征的控制系统。

（3）网络化。智能照明控制系统可以是大范围的控制系统，需要包括硬件技术和软件技术的计算机网络通信技术支持，以进行必要的控制信息交换和通信。

（4）兼容性。智能照明控制系统可与楼宇中的其他智能控制系统具有控制和监测信号可兼容性，智能照明控制系统可以单独的形成一个独立系统，也可以作为整体智能化系统的一个子系统。

（5）易用性。由于各种控制信息可以以图形化的形式显示，所以控制方便，显示直观，并可以利用编程的方法灵活改变照明模式和效果。

5.1.3 照明控制系统的分类

5.1.3.1 多线制与总线制

现代照明控制系统主要有两种方式：多线制和总线制。

多线制控制是由一个总控制器来完成对于整个照明系统的检测与控制，各个照明点的控制及信息处理都是在这个总控制器中完成的。这种方式控制管理集中，在一个点就可以完成对于整个系统的控制。但是一旦总控制器出现软/硬件故障，那么整个系统就处于失控状态。也正是这种架构上的隐患，近年来采用多线制控制的照明系统越来越少。

为了消除这种隐患，出现了总线制控制系统。现在的智能照明控制系统大多采用模块化的总线制控制结构，将各个子系统挂接在总线上，各个子系统通过通信协议进行信息传递。各子系统可以独立在各自区域内进行照明控制，也可以由主控制器进行集中控制。如果某个子系统出现故障，影响范围仅限于子系统本身。这种总线制的结构也具有良好的扩展性。

总线制智能照明控制系统按照功能一般可以划分为输入单元、输出单元、系统单元以及相应的辅助单元和软件系统，各个单元则是由不同功能的基本模块构成的。

输入单元的功能是将外界的控制信号（即控制愿望）转化为系统可识别的系统信号。输入单元的形式大致有控制面板、液晶触摸屏、智能传感器、时钟管理器、遥感器等。

输出单元的功能是接受控制总线上输入单元发出的控制信号，并具体实施照明系统的控制功能，控制相对应的负载回路。输出单元的大致形式有开关控制模块、传统光源调光控制模块、LED调光模块、开关量控制模块以及其他模拟输出模块等。

系统单元是构成智能控制网络的各个独立功能部件，在系统控制软件的调控下，通过计算机系统对整个照明系统进行全面实时控制。系统单元主要包括控制总线、编程插口、主控计算机以及其他网络配件等。

辅助单元并不是每一个系统的必要构件，只有在自身控制系统无法满足控制需求时，才考虑加设诸如分割模块、电源模块、辅助控制器或功率放大器之类的辅助单元。

软件系统则应当根据系统要求包含控制软件、编辑软件、图形监控软件和一些具有特定功能的辅助设计软件。

5.1.3.2 分区域控制、分类型控制与情景模式控制

智能照明控制按照不同的控制方式可以分为分区域控制、分类型控制和情景模式控制等。

分区控制就是将一个区域划分为若干个子区域，从而达到既可以独立控制每个独立区域，又可以联合控制整个区域的目的。

分组控制就是将一个区域内相同类型或者相同控制要求的灯划分为一组或若干组，从而达到既可以同组控制又可以整体控制的目的。

情景模式控制就是为某个回路的灯按照使用要求设置一定的智能运行程序，从而使这个回路的灯具根据不同的使用场景自动调节运行状态。

采用这些智能控制模式，可以大大地减少传统翘板型开关的使用量，降低传统开关开启时产生的电磁污染，优化室内环境。而集中式的监控模式又便于了解和控制整个照明系统的运行状态，避免因为人为疏忽而造成的某个区域或某个回路的错误开启/关闭，造成不必要的能源浪费或影响工作生活。

这几种控制类型也可以根据具体需求和环境组合使用，从而达到更便捷更节能的目的。

5.1.4 案例介绍

在现代化的办公楼中存在为数不少的长时间或24小时开启的灯具，但是这些灯具的真正使用率却极低，只是在紧急情况或局部区域处于使用状态下才发挥照明作用。比如楼道和楼梯中的逃生指示灯，一般都处于24小时开启状态，但它本身却不能提供照明作用。如果采用照明智能控制系统，按照逃生灯的特殊功效进行系统程序编制，设定成情景模式控制，与楼宇中的消防应急系统进行联动，当发生火灾或其他紧急状况时，自动将此回路开启，这样可以节约一定量的电能消耗，并且延长灯具的实际使用寿命。

建筑物中长时间提供指定照度的灯具也需要通过采用智能照明控制系统来优化管理。根据各自区域的不同照明要求和绿色建筑的规范，编制相应的控制策略，采用分区、分类或者情景模式控制，利用计算机系统进行优化计算，精准地监控系统内所有照具的状态。在采用智能照明控制系统时，可以与建筑物中的周边环境和使用特点相结合，如适度地利用自然光，根据自然光强度自动调节照明系统照度；比如根据局部区域的人流特点设置红外感应仪与时钟装置，自动控制局部的灯具开启/关闭；可以自由设置不同情景模式，根据使用功能不同，简单地在不同模式间相互切换。利用智能照明控制系统可以提供一个高品质的生活工作环境，并且在保证高舒适性的同时，做到最大限度的节能、节材，更好地符合绿色建筑的规范要求。

2010年在上海举行的世博会中，璀璨的夜景是亮点之一，而这主要归功于大规模LED（发光二极管）照明新技术与智能照明控制相结合的成功应用。据测算，世博整个园区LED芯片用量在10亿个以上，园区内80%以上夜景照明光源采用LED技术。LED照明与智能控制相结合的低碳绿色特色与上海世博会理念不谋而合，必将为未来城市发展注入新活力。

世博会的永久场馆"一轴四馆"是LED应用最集中的地方。世博轴阳光谷变幻莫测的夜景灯光，是世博园最吸引人的地方之一，那上面的LED发光点超过8万个。中国馆鲜明的中国红，也靠LED白色投光来映衬。主题馆、世博中心、文化中心也都有各自的姿彩。世博会开幕式上那块长300米、高30米的全球最大户外LED显示屏，也与旋动的

焰火一起创造了难忘的视觉盛宴。

除了"一轴四馆",世博园区的广场景观照明、沿江景观带、标识与智能引导系统以及各个国家馆也大多采用了 LED 照明及控制新技术。

LED 照明与智能控制相结合具有以下特点:
- 高效节能:灯具节能率约 90%,综合节能率也可达 70% 以上;
- 超长寿命:使用寿命一般 50000 h 左右;
- 光线健康:光线中不含紫外线和红外线,不产生辐射;
- 绿色环保:不含汞和铅等有害元素,利于回收和利用,而且不会产生电磁干扰;
- 保护视力:直流驱动,无频闪;
- 光效率高:发热小,90% 的电能转化为可见光;
- 安全系数高:驱动电压低、工作电流较小,发热较少,不产生安全隐患。

5.2 水处理控制系统

5.2.1 水处理控制系统结构

5.2.1.1 系统结构

水处理自动化控制系统的构成按照具体的处理对象、应用要求以及范围有所不同,但是,其基本形态均遵守工业计算机、控制器逻辑单元(以 PLC 或者 DCS 为核心)和自动化仪表组成的多级分布式架构。从层次角度上看,水处理自动化控制系统结构通常包含:现场仪表、控制系统、调度控制与应用三个层次(图 5.2.1)。

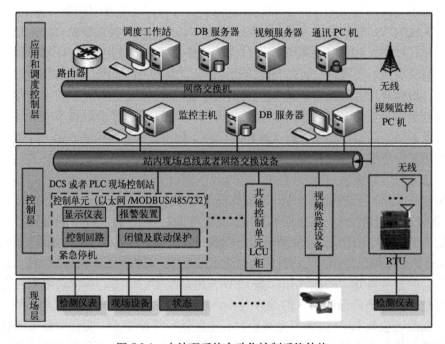

图 5.2.1 水处理系统自动化控制系统结构

5.2.1.2 功能说明

现场仪表和设备层包括监控对象、监测仪表、监控状态以及其他仪表等。控制对象包括：各种水泵、闸门、格栅除污机、电动执行机构等；监测仪表主要包括两大类：一类属于监测生产过程物理参数的仪表，如检测温度、压力、流量等；另一类属于智能分析检测仪表，应用于水质分析如浊度、pH值等；还有一些用于某个特定目的分析处理的仪表，如移动目标监测等。

控制层是完成现场设备的监测与控制命令的执行，也可以接受上层指令对现场设备进行控制的设施。通常采用标准网络接口或者其他通信接口与上层设备通过电缆或光缆相连。设备控制层是控制系统发出控制命令、执行控制动作的核心单元，通常由若干套现场逻辑单元组成。每套控制单元控制若干台执行机构或者监测若干台仪表、状态接点。现场控制单元通常由PLC、DCS和为了控制现场设备的接触器、断路器、显示仪表、执行机构一、二次回路、按钮以及选择开关等电气设备构成。对于某些监测要求不算高的应用，控制层往往仅有一台远程数据采集终端实现对监控对象的控制、现场数据的采集。

调度控制与应用层是整个自动化监控系统的最上层，是所有现场仪表、状态监测数据、信息汇集与处理中心。同时也是现场各种控制单元执行命令的发出地点。从系统的角度出发，调度应用层接收所有现场状态，根据工艺和流程要求对控制节点上的每个设备进行控制。另外，该层次应该具备与调度、操作人员良好的接口，并能修改各种控制工艺流程。调度层应满足如下要求：

- 系统能直接向现场控制单元下达调度指令，系统运行必须考虑现场的安全性。允许用户根据需要设置调用联动预案的事件源。
- 能提供多种子系统的联动操作动作及多种联动信号源，供操作人员选择，以形成新的系统联动预案。
- 设备动作或者报警信号能自动关联到其他设备联动，并直观地在操作显示屏上弹出该设备的操作界面。
- 系统要求远程调度必须和对应被监视设备图像信息联动。

通信网络将处于不同范围内的仪表、控制单元和计算机系统有机地连接在一起。现场仪表采用标准的接口与本地控制单元相连接，现场控制单元与控制设备之间采用直接或者通过变频设备相连接。若干套现场控制单元可以采用现场总线或者标准的网络接口互联。计算机网络是实现数据服务器、操作工作站、应用通信以及与现场控制单元互联的最佳选择。

无线通信也是水处理自动化控制与监测系统中比较常见的一种手段，这种方式尤其适合于分布范围广、传输数据量少的环节。

5.2.2 节水与水资源利用

5.2.2.1 节水规划

节水规划主要根据当地水资源状况，因地制宜地制定节水规划方案。绿色建筑的水资源利用设计应结合区域的给水排水、水资源、气候特点等客观环境状况对水环境进行系统规划，合理提高水资源循环利用率，减少市政供水量和污水排放量，保证方案的经济性和可实施性。

水系统规划方案包括用水定额的确定、用水量估算及水量平衡、给水排水系统设计、节水器具与非传统水源利用等内容。对于不同水资源状况、气候特征的地区和不同的建筑类型，水系统规划方案涉及的内容会有所不同。

雨水、再生水等利用是重要的节水措施，多雨地区应加强雨水利用，沿海缺水地区加强海水利用，内陆缺水地区加强再生水利用，而淡水资源丰富地区不宜强制实施污水再生利用，但所有地区均应考虑采用节水器具，因此，水系统规划方案的具体内容要因地制宜。

5.2.2.2 提高用水效率

按高质高用、低质低用的原则，生活用水、景观用水和绿化用水等按用水水质要求分别提供、梯级处理回用。

公共建筑给水排水系统应设有较为完善的污水收集和污水排放等设施，在经济较为发达以及市政排水管网较完善的地区，其公共建筑的生活污水应尽可能考虑排入市政污水管网与城市污水集中处理；远离或不能接入市政排水系统的污水，应建有较为完善的污水处理设施进行处理，处理后的排水水质应达到国家相关排放标准。对缺水的地区，应尽可能考虑回用，梯级使用。

要根据当地地形、地貌等特点合理规划雨水排放渠道、渗透途径和收集回用等设施，实行雨污分流，尽可能地保证雨水的合理利用，减少雨水和污水的交叉污染。无论雨、污水如何收集、处理、排放，其整个收集、处理、排放系统不应对周围环境和人产生负面影响。

应选用当前国家鼓励发展的节水设备、器材和器具，根据用水场合的不同，合理选用节水水龙头、节水便器、节水淋浴装置等。对办公、商场类公共建筑可选用光电感应式等延时自动关闭水龙头、停水自动关闭水龙头；感应式或脚踏式高效节水型小便器和两档式坐便器，缺水地区可选用免冲洗水小便器等，对极度缺水地区可选用真空节水技术。

雨水、再生水等非传统水源在储存、输配等过程中要有足够的消毒杀菌能力，且水质不会被污染，以保障水质安全；供水系统应设有备用水源、溢流装置及相关切换设施等，以保障水量安全。雨水、再生水在整个处理、储存、输配等环节中要采取安全防护和监（检）测控制措施，要符合《污水再生利用工程设计规范》GB 50335 及《建筑中水设计规范》GB 50336 的相关规定和要求，以保证雨水、再生水在处理、储存、输配和使用过程中的卫生安全，不对人体健康和周围环境产生影响。对采用海水的，海水由于盐分含量较高，还要考虑到对管材和设备的防腐问题，以及后排放问题。公共建筑建设有景观水体的，采用雨水、再生水，在水景规划及设计时要考虑到水质的保障问题，将水景设计和水质安全保障措施结合起来考虑。

绿化用水采用雨水、再生水等非传统水源是节约供水很重要的一方面，不缺水地区宜优先考虑采用雨水进行绿化灌溉；缺水地区应优先考虑采用雨水或再生水进行灌溉。景观环境用水应结合水环境规划、周边环境、地形地貌及气候特点，提出合理的建筑水景规划方案，水景用水优先考虑采用雨水、再生水。其他非饮用水如洗车用水、消防用水、浇洒道路用水等均可合理采用雨水等非传统水源。采用雨水、再生水等作为绿化、景观用水时，水质应达到相应标准要求，且不应对公共卫生造成威胁。

建筑周围有集中再生水厂的，首先应采用本地区市政再生水或上游地区市政再生水，没有集中再生水厂的，要根据本建筑所在地的中水设施建设管理办法或其他相关规定等，确定是否建设建筑再生水处理设施，并依次考虑建筑优质杂排水、杂排水、生活排水等的再生利用。总之，再生水水源的选择及再生水利用应从区域统筹和城市规划的层面上整体考虑。

5.2.2.3 雨污水综合利用

本着"开源节流"的原则，缺水地区在规划设计阶段还应考虑将污水再生后合理利用，用作室内冲厕用水以及室外绿化、景观、道路浇洒、洗车等用水。再生水包括市政再生水（以城市污水处理厂出水或城市污水为水源）、建筑再生水（以生活排水、杂排水、优质杂排水为水源）等，其选择应结合城市规划、建筑区域环境、城市中水设施建设管理办法、水量平衡等要素并从经济、技术、水源水质或水量稳定性等各方面综合考虑而定。

在规划设计阶段要结合场地的地形特点规划设计好雨水径流途径，包括地面雨水以及建筑屋面雨水，减少雨水受污染几率。公共活动场地、人行道、露天停车场的铺地材质，采用多孔材质，以利于雨水渗透；将雨水排放的非渗透管改为渗透管或穿孔管，兼具渗透和排放两种功能；另外，还可采用景观贮留渗透水池、屋顶花园及中庭花园、渗井、绿地等增加渗透量。

雨水处理方案及技术应根据当地实际情况，因地制宜并经多方案比较后确定。在南方多雨且缺水地区，应结合当地气候条件和建筑地形、地貌等特点，建立完善的雨水收集、积蓄、处理、利用等配套设施，对屋顶雨水和其他非渗透地表径流雨水进行收集、利用。雨水收集利用系统应设置雨水初期弃流装置和雨水调节池，收集利用系统可与建筑群水景设计相结合。可优先选用暗渠收集雨水，处理后的雨水水质应达到相应用途的水质标准，宜用于绿化、景观、空调等用水。

5.2.3 污水处理自动化监控系统

5.2.3.1 概述

污水处理厂自动化监控系统用于污水处理全过程的实时监控和调度管理。控制结构由监控中心和二级分控站组成。其应用从简单的逻辑控制到复杂的分散化控制，系统要求遵循"集中管理，分散控制，数据共享"的原则，具有适应性强、可靠性高、开放性好、易于扩展、比较经济等特点。

自动化监控系统应满足污水处理厂运行管理和安全处理的要求，即生产过程自动控制和报警、自动保护、自动操作、自动调节、提高运行效率，降低运行成本，减轻劳动强度，对污水处理厂内各系统工艺流程中的重要参数、设备工况等进行计算机在线集中实时监测，重要设备进行计算机在线集散控制，确保污水处理厂的出水水质达到设计排放标准。

5.2.3.2 系统结构

污水处理厂自动监控系统采用计算机＋PLC＋现场仪表构成的分布式控制系统。系统设置一个监控中心和若干个现场PLC控制站，按照调度应用、控制层和现场测量仪表层模式架构。控制中心计算机设备与现场控制单元之间通过工业以太网通讯。监控中心由数据库服务器、工作站、网络交换机、打印机、不间断电源、投影仪等组成。

现场控制单元由PLC、工控机、触摸屏、打印机、不间断电源、操作台、辅助继电器柜、高低压开关柜、机侧控制箱等组成。

5.2.3.3 功能要求

1) 数据采集：采集全厂各个生产过程的工艺参数、设备运行状态和电气参数等。

2）图形功能：显示全厂平面图、工艺流程图、局部工艺流程（剖面）图、供电系统图等，具有图形编辑功能。

3）控制功能：手动操作（如开/停机操作）和自动操作，对工艺过程和控制设备按要求进行控制与调节。

4）报警功能：提供的报警日志可以记录事件、信息和报警。

5）安全操作：提供的用户管理器允许设置用户权限。

6）数据管理：根据采集到的信息，建立各种信息数据库，保存工艺参数、电气参数、电气设备运行数据、控制数据、报警数据、故障数据。

7）自动生成的生产报表（班/日/月）供生产管理之用，存储一年的信息量。

8）系统留有网络接口用以和办公自动化系统和管理信息系统连接。

5.2.4 中水回用系统

5.2.4.1 概述

所谓中水，主要是指城市污水或生活污水经处理后达到一定的水质标准、可在一定范围内重复使用的非饮用杂用水，其水质介于上水与下水之间，是水资源有效利用的一种形式之一。因其水质指标低于生活饮用水的水质标准，但又高于允许排放的污水的水质标准，处于二者之间。中水回用，是解决城市水资源危机的重要途径，也是协调城市水资源与水环境的根本出路。中水的产生是由淡水资源短缺的现状决定的。目前，全世界都正面临着水资源短缺的问题，作为有限资源，水的再生回用成为解决水资源短缺的有效途径。

5.2.4.2 中水处理技术

中水处理技术可分为物化法、生物法、生物与物化联合处理法以及土地处理法。目前，中水回用处理工艺中，常见的生物处理方法有生物接触氧化法、活性污泥法等；常用的物化处理方法有混凝沉淀、过滤、活性炭吸附、消毒（紫外、氯气、臭氧或二氧化氯等）等方法。

按照处理的工序分为：二级处理后回用、三级处理后回用和 Membrane Bio-Reactor（膜生物反应器，是一种将膜分离技术与生物技术有机结合的新型水处理技术）处理后回用三种常用的方法。

居民生活用水中水回用主要设备构成：

1）细格栅：按照需要定制。

2）调节池：一般设计为 1.5 ~ 2.0h 的水力停留时间，并向其内曝气。

3）沉淀池：一般设计为 0.5 ~ 0.8h 的水力停留时间。

4）毛发过滤器：将微小杂质过滤出来。

5）加压泵：一备一用，为后续系统增压而设。

6）消毒设备：可采用臭氧强氧化剂。

7）膜处理系统：主要采用中空纤维膜。

8）活性炭吸附。

9）中水回用池：设计为 3h 的水力停留时间。

10）提升泵：供办公楼冲厕用水。

5.2.4.3 中水回用的控制

1）系统构成

中水回用的自动控制系统架构和污水处理自动化部分完全相同，分现场仪表、现场控制单元和监控中心。现场控制单元的数量与中水回用规模以及生产工艺流程密切关联。在控制系统中，现场控制单元控制废水处理成套设备、水泵、电动阀门等，并接收现场仪表的监测数据。通信网络实现控制单元和监控中心管理与调度计算机之间的链路。

现场控制单元一般由以 PLC 或者 DCS 为核心的部件，外加保护设备、短路器、交流接触器、继电器、电量采集与显示仪表等组成。现场处理软件完成本端设备的控制，同时负责与上级监控中心的联络。例如：工艺流程下载、运行参数改变、状态报告等。

2）系统主要功能

（1）监视系统内每一个模拟量和数字量。对原水、浓水、产品水的流量、压力、水温、电导率、浊度、pH 值等进行检测和显示；对泵电机启动停止、运行状态、电压电流的监控；对自动阀门进行开关状态、条件连锁控制；自动执行开机、运行、停机流程等。正常状态下不需要人工干涉，避免操作失误。

（2）异常数据显示并自动弹出报警画面确认报警。对于系统所有的异常数据，均有报警画面和数据的闪烁提示；泵电机运行状态的不正常、工艺设备的故障状态等，都可弹出报警画面及故障确认报警画面。

（3）建立趋势画面并获得趋势信息。所有的流量、压力、温度、电导率、浊度以及pH 值模拟量显示等都可以建立状态画面及趋势画面，并长久保存在上位计算机内，可以随时调出查阅，方便生产管理和运行维护。

（4）调整过程设定和偏置等。所有过程值，如原水进水流量、淡水出水温度、高压进水压力等都可实现手动、自动在线调整。所加药剂的配方可以根据需要保存在计算机内，并根据配方自动加药。

5.2.5 水处理监控系统实施

5.2.5.1 自控系统的设计

自动化控制工程与水处理基础工程密切配套，其应用要求、规模以及安全等级均需要与基础工程相适应。因此，在基础工程确定后必须组织对自动化控制方案进行深化设计。水处理自动化控制系统原则上包括监控中心和闸站端。监控中心的设计内容必须包括：

1）中心站系统的功能设计；
2）监控中心的结构设计；
3）通信网络设计；
4）视频监视系统设计；
5）主要设备（含仪表）的技术指标；
6）系统电源和外围设备（含防雷）的数量、类型和技术指标；
7）与其他系统的连接方式等。

现场控制单元 LCU 是直接控制和监测现场设备的单元，进行工艺参数检测、设备运行工况信号的采集、监测和控制，并向监控中心进行实时数据传送。监控中心操作工作站可调用各现场站的全部运行信息，并控制现场所有设备的启动和停止。

根据站点设备情况合理配置现场控制单元数量，各现场控制单元通过站内网络实现联网，并进一步联网接入到监控中心系统。现场控制单元的设计内容：

1）站端功能设计；
2）使用仪表设计，包括仪表定位、性能指标、数量、安装方式等；
3）PLC控制单元设计，包括控制单元定位、性能指标、数量、安装方式等。

5.2.5.2 水处理自动化系统的设备安装

水处理自动化系统设备在安装前，应检查外观是否完整、附件是否齐全，并按规定检查其型号、规格及材质。采集设备的安装和检测位置必须严格按设计要求进行施工和分布，避免检测数据和实际情况产生较大偏差。设备的安装应牢固、平整，防止外力敲击与震动。所用的设备固定支架，无论是浸泡在水下的或在水上的，均应使用专门的不锈钢支架。电缆铺设由金属软管或PVC管过渡，留有一定的伸缩余量。自动化控制系统的设备和仪表主要包括液位计、流量仪、开度仪、压力计、温度计、雨量计、风速风向仪、各种水质仪表（COD/TOC、pH、全天候自动采样仪、总磷总氮在线分析仪）等，其检测元件应安装在能真实反映实际输入变量的位置。

5.2.5.3 水处理自动化系统的设备调试

自控系统的设备调试、软件编制及仪表标定由专业人员负责，调试时由专业人员和设备安装人员共同进行。对输入该系统的各种电气信号应检查核实后才能接入，防止损伤元器件。对小型机械设备控制回路可以直接在各种控制模式下操作调试，直至达到设计要求。对较大机械设备采用回路模拟操作调试，达到要求后再带机械设备运行调试。总体调试时由各方面相互配合进行。确保各种模式下设备控制运行达到要求。该系统试运行期间的操作监护由专业人员负责，其他人员必须经培训后才能上岗。

5.2.6 案例介绍

5.2.6.1 项目概述

某地深水井群利用河周围相对丰富地域的地下水资源，将周边目前可以利用的10口深井的地下水通过管道汇集起来集中供给5个团场10万人饮用水。深水井分布相对集中，井群分布在半径3km范围内，所有深水井管道集中到13号井房旁边汇水池统一向市区供水，井群设有统一的控制管理室，控制室与13号井位于同一位置。水源地分两路供水，从水源地单独一路向某团供水，其他各个团统一由水源地另外一路供水。在各个供水管道中间设立了若干个增压泵，增压泵具备流量和压力监测设备。所有供水系统设立了统一的井群总控制室，与水源地控制室相距12.5km左右。

每个深水井均配备了抽水泵房，深水井的深度和出水量互有不同，各个泵房的抽水电机功率大体相同，约为18.5~22kW。水源地向各个团部供水的主要管道的中间设立了若干个加压泵，加压泵的功率在30kW左右。每个深水泵均配备了流量计测量抽水泵的流量，在13号井房汇水池有3台水位计用于检测该水池的水位（图5.2.6）。

5.2.6.2 系统结构

所需要控制的对象不仅要实现数字控制同时需要将现场的图像采集到水源地控制室，因此采用光纤专线敷设。增压泵分布的范围较广，若采用敷设通信电缆，显然从经济上不是很理想，故采用租用电信的无线通信网络（GPRS）方式。同样总控制室与水源地相隔较远，

5.2 水处理控制系统

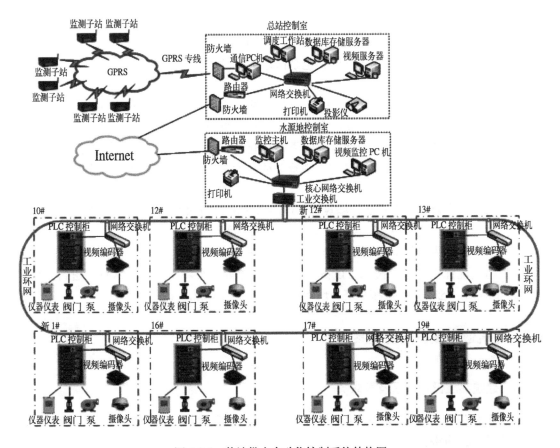

图 5.2.6 某地供水自动化控制系统结构图

不适合专用敷设光纤，从功能要求上，总控制室需要部分替代水源地监控室的功能，若采用无线通信也不是很适合，而采用租用电信的专用线路能满足要求且较经济。因此，整个网络是集光纤网络、无线网络和租用网络为一体的综合通信网络系统。

5.2.6.3 系统功能

1）数据采集：采用性能适合的 PLC 和 RTU，将各种不同规约的采集仪表连接到 PLC 并进行现场数据格式转换传输到监控中心，同时要求数据采集的精度和时间在允许的范围内。对所有监测对象进行实时数据和状态的自动采集，包括：泵机工作状态、实时水位、实时流量、现场图像等。

2）控制与调节：具有数据采集、远程控制、故障报警及联动功能。

3）计算机通信网络：将分布在数十公里范围的监测泵群和增压泵站监测信息，通过无线通信技术（GPRS）、光纤通信和计算机网络将所有监测数据集中统一处理，实现数据集中管理和远程控制。

4）视频监视：通过现场摄像机将视频数据转换成标准的 TCP/IP 数据包传输到监控中心并在视频监视服务器上展现，保证在远程控制时对现场充分的了解。

5）综合调度与控制系统：综合调度和控制是本系统的核心也是节水调度的目的，系统按照泵群工况、输水管路流量、压力集中调度供水，对所用水量集中计量，报表生成、信息查询、统计等。

6）系统可靠性：由于周边环境相对比较差，如何保证监测和监控设备、通信网络的稳定可靠是本次需要重点考虑的问题，也是保证系统稳定运行的基础。

5.2.6.4 节水效果

1）总站可以根据管理需要，实时查询水资源消耗和利用情况，对指导实际供水降低水资源浪费，平衡利用水资源，实时动态监控供水系统起到了积极效果。

2）信息的有效积累将为调度技术的不断优化创造条件，优化和提高节能调度水平。用科学方法对水资源实行输送、分配、消费等活动的全过程进行指挥、监督和调节，更有效地开发和利用水资源。

3）结算工作效率明显提高，结算数据以系统为准，数据准确性显著提高。

4）由于实施远程管理和监控，计量设备故障时间明显降低。

5）水资源浪费现象得到明显改善，输水管路的有效合格率大大提高。

6）为实现计划、生产技术、设备、供应、财务等各个环节上，对水资源进行系统管理奠定了基础，进一步有效和经济合理地开发、利用水资源。

5.3 建筑遮阳设备的监控系统

5.3.1 建筑热工设计分区及要求

根据建筑热工设计分区主要指标，我国可划分为五个区，即严寒、寒冷、夏热冬冷、夏热冬暖和温和地区。

我国建筑热工设计分区及设计要求 表5.3.1

分区名称	分区指标		设计要求
	主要指标	辅助指标	
严寒地区	最冷月平均温度≤-10℃	日平均温度≤5℃的天数≥145d	必须充分满足冬季保温要求，一般可不考虑夏季防热
寒冷地区	最冷月平均温度-10~0℃	日平均温度小于5℃的天数90~145d	应满足冬季保温要求，部分地区兼顾夏季防热
夏热冬冷地区	最冷月平均温度0~10℃，最热月平均温度25~30℃	日平均温度小于5℃的天数0~90d，日平均温度大于25℃的天数40~110d	必须满足夏季防热要求，适当兼顾冬季保温
夏热冬暖地区	最冷月平均温度≥10℃，最热月平均温度25~29℃	日平均温度≥25℃的天数100~200d	必须充分满足夏季防热要求，一般可不考虑冬季保温
温和地区	最冷月平均温度0~13℃，最热月平均温度18~25℃	日平均温度≤5℃的天数0~90d	部分地区应考虑冬季保温，一般可不考虑夏季防热

注：摘自《民用建筑热工设计规范》GB 50176-93

由表 5.3.1 可知，夏热冬冷地区的主要分区指标是最冷月平均温度 0 ~ 10℃，最热月平均温度 25 ~ 30℃。本章节将以夏热冬冷地区作为受体对象，介绍建筑遮阳监控技术在绿色建筑中的应用。

5.3.2 建筑遮阳形式及绿色节能效应

建筑遮阳系统（以下简称遮阳系统）的传统作用是通过降低"过热"和"眩光"来提

高室内热舒适性和视觉舒适性，同时提供隔绝性。遮阳设施可以发挥上述部分或者全部的作用，其对于建筑绿色节能的意义主要体现在以下两方面：

1. 降低建筑围护结构在炎热季节对太阳辐射热的吸收，从而降低建筑空调负荷，减少建筑空调能耗。这属于典型"被动式"降温和节能技术。

2. 将建筑遮阳技术与自然通风、自然采光、太阳能技术等绿色节能技术集成，形成智能遮阳监控系统，它不仅具有被动意义上的节能，更能主动调动建筑周围环境中的一切可利用资源，在降低建筑本身能耗的同时，生产出用于满足建筑基本需求的能源，从而实现真正意义上的"生态绿色节能"。

门窗作为太阳辐射和建筑与周围环境对外交流的主要通道，对于不同季节、不同热工地区的建筑，其要求也不同。根据工程实践经验及相关实验研究表明，投射在门窗（主要是窗户）的太阳辐射可分为三个部分：

1）直接反射到周围环境或物体上；
2）直接通过玻璃投射到室内（该部分热量可以占建筑太阳辐射得热的80%）；
3）被玻璃和窗框等附属构件吸收；部分热量随着时间的推移，一部分通过长波辐射和对流的方式释放到建筑外部，另一部分通过长波辐射和对流方式进入建筑内部。

因此，通过窗户的太阳辐射得热是建筑得热和空调负荷的重要内容，是夏季调节室内热环境、改变空调能耗，实现绿色节能的主要调控对象之一（图5.3.2-1）。

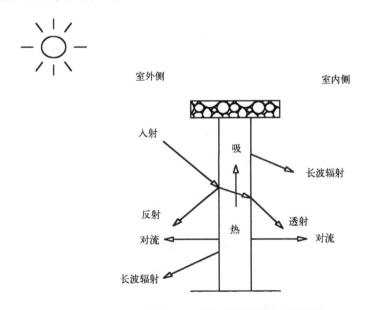

图 5.3.2-1 投射在窗户上的太阳辐射热分配情况

目前，通过设置遮蔽不透明或透明表面的设施来限制投射在建筑上的太阳辐射是比较通常的做法。此法不仅限制直射太阳辐射进入室内，同时限制散射辐射和反射辐射进入室内。

作为控制调节室内热环境和光环境的一个方法，建筑遮阳设施随着科技和生产工艺日益进步，其分类也日趋多元化。

1. 按遮阳设施主体分类：分为人工遮阳设施和自然遮阳设施。例如：植物遮阳就属于自然遮阳设施。

2. 按遮阳设施安放位置分类：分为外遮阳设施、内遮阳设施和自然遮阳设施。当遮阳设施放置在建筑外围护结构孔洞室外侧时，称为外遮阳设施。当遮阳设施放置在建筑外围护结构孔洞室内侧时，称为内遮阳设施。当遮阳设施放置在窗户构件的中间时，形成带遮阳功能的新型窗户，这种遮阳构件称为自遮阳设施。

3. 按遮阳系统的可调性分类：分为固定遮阳系统和活动遮阳系统。所谓固定遮阳系统是指在遮阳设施安装之后，不能对其进行任何调节的系统，例如：建筑外窗上的水平挑檐。遮阳设施安装后，可根据室内环境控制要求进行调节的系统称为活动遮阳系统，例如：活动窗百叶。

4. 按遮阳设施使用性质分类：分为临时性遮阳设施、季节性遮阳设施和永久性遮阳设施。例如：沙滩广场上的遮阳伞就是临时性遮阳设施，植被绿化遮阳就属于季节性遮阳设施，翻板建筑的外遮阳设施就是永久性遮阳设施，它是建筑设计和建造过程中的一个组成元素，在其整个生命周期内与建筑共存。

在上述各种遮阳系统中，外遮阳系统在降低建筑室内得热，调节室内光、热环境，减少建筑耗能方面最为有效，也更具有绿色节能效益。因为太阳辐射在经过遮阳设施的阻隔之后，没有直接到达建筑表面，从而减少了建筑得热、降低空调的能耗，达到绿色节能的效果。一方面，外遮阳设施通过反射作用将来自太阳的直接辐射热量传递给天空或者周围环境，减少建筑对太阳的辐射得热；另一方面，外遮阳设施吸收了太阳辐射得热之后，温度升高，通过红外长波辐射的方式向周围环境放热，只有小部分辐射到了建筑表面。

图 5.3.2-2 和图 5.3.2-3 分别表示了内外遮阳设施对太阳辐射的影响。

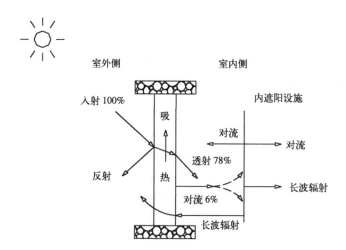

图 5.3.2-2 内遮阳设施太阳辐射影响示意图

从图 5.3.2-2 可看出，进入窗户的太阳辐射热在内遮阳设施处将被二次分配，一部分直接透过遮阳设施进入室内，另外一部分将被遮阳设施反射到室外，还有一部分将被遮阳设施吸收，通过长波辐射和对流方式向室内和室外散发，显然由于内遮阳设施的存在，进入室内的太阳辐射热在传输过程中受到阻挡，减少了最终进入室内的热量，从而降低建筑的太阳辐射得热。此法在兼顾室内装修效果的前提下，对于夏热地区减少空调能耗，达到绿色节能目的方面，起到积极的作用。

图5.3.2-3则反映了建筑外遮阳设施对建筑太阳辐射得热的干扰和响应。在受到外遮阳设施的阻隔之后，太阳辐射热没有直接到达建筑表面，而是在遮阳设施表面被反射或吸收，只有很少部分通过遮阳设施到达建筑表面。

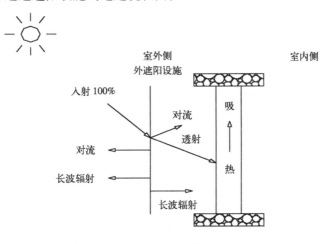

图5.3.2-3 外遮阳设施太阳辐射影响示意图

通过实验研究表明，外遮阳设施可降低建筑表面80%的太阳直接辐射得热，是比内遮阳设施更为有效的降温措施。例如，对于相同的窗帘或软百叶等遮阳设施，当内遮阳设施变为外遮阳设施之后，传入室内的热量将由原先的60%降为30%。

正由于对太阳辐射热的阻挡功能，降低了通过建筑围护结构进入室内的太阳辐射热和相应的建筑空调负荷，使得建筑遮阳技术在现代节能建筑设计中得到了广泛的重视。不仅如此，遮阳设施在适当的气候条件下可以与通风系统相结合，通过通风降温的方式，保证在空调季节室内温度处于合适的实施区内，不仅缩短了夏季空调的使用时间，降低了建筑能耗，而且通风换气系统的运行可以有效排除室内污染空气，是改善室内空气质量最彻底、最经济的方法。

5.3.3 建筑遮阳设备的控制方式

建筑遮阳的应用不仅需要考虑建筑所在的地理位置、建筑朝向、建筑物类型、使用用途、技术经济指标等因素，其应用效果还与遮阳系统的调节、控制方式有关，不同的调节方式对室内空调能耗的影响很大，尤其是对活动外遮阳系统的使用效果影响更大。

1. 手动控制方式

手动控制方式并不是用人力拉动遮阳系统，而是由人手按动电钮控制电机转动，实现遮阳设施的启闭。手动控制一般在电控箱上设置正转、反转、停止三档位置，根据使用要求，确定遮阳"开启"、"关闭"或"停"的位置要求，用手按动相应控制按钮操纵电机的正转、反转和停止运转来控制遮阳设施。这种调节方式简单、经济，尤其适用于调节频率低或者要求不高的场合。

2. 时段控制

时段控制系统一般采用24小时时间控制器，通过人为预先设定遮阳启闭的时间，进行自动控制。这种调节方式采用微处理运算器，适用于仅有简单的模式控制要求的场所。

3. 温度控制

温度控制系统是根据室内气温的高低，自动控制遮阳幕的启闭。这种控制方式用于夏季降温。例如：根据预先设定的室内温度（如超过32摄氏度），自动启用遮阳设施；当温度低于该设定值时，自动收起遮阳。这种调节方式的实现基于现代传感器技术，将自然环境和室内工作环境进行更有效的结合。

4. 光照控制

对于大型办公场所，由于对采光要求比较严格，因此引入了光照控制模式的遮阳控制方式。这种方式，即在光照强度超过某设定值（一般工作面照度应为300lux）时，自动启用遮阳幕，以防室内产生眩光；当光照强度低于某个设计值时，自动收起遮阳幕，以充分利用自然光。这种调节方式的实现，同样是基于现代传感器技术，和温度控制方式相类似。

以上四种控制模式，仅仅是为了满足某种特定舒适度需要而进行的控制模式，但往往会产生能耗的增加。以冬季为例：如果采用光照控制，在冬季太阳直射的情况下，光照直射强度往往超过目标设定值，根据模式设定，此时的遮阳设施应关闭。而对于室内热环境而言，冬季又是希望太阳热辐射能尽可能多的进入建筑内部，此时则要求遮阳设施应开启。要做到真正的节能，需将智能化节能技术进一步的优化组合，并引入智能遮阳监控系统。

5. 智能遮阳监控系统

智能遮阳监控系统是建筑智能化系统在节能应用方面不可缺少的一部分，它是根据季节、气候、朝向、时段等条件的不同进行阳光跟踪及阴影计算，自动调整遮阳系统运行状态。系统由遮阳设置、电机及控制系统组成。

智能遮阳监控系统控制功能主要有以下几点：

● 根据日照分析结果和当地气象资料，计算不同季节、日期、不同时段及朝向的太阳仰角和方位角。通过控制器按设定时段控制不同朝向的百叶翻转角度。

● 通过屋顶设置多方位光感应器检测是晴天或阴天。然后根据不同情况，进行模式选择。即如果是晴天，则进行阳光自动跟踪；如果是阴天，则百叶水平打开。

● 根据大楼自身情况及周边建筑情况建立遮挡模型，计算各参考点每天的阴影变化，并将计算结果存储在控制器中，自动运行。

● 百叶片的翻转步长可人工设定和修改，晴天跟踪太阳并计算阴影时百叶片根据步长的翻转。

● 具备应急控制模式，例如在火灾发生时，所有百叶均自动收起。一般情况下，会预设应急模式自动控制或授权操作人员进行集中控制。

● 可根据建筑内不同区域进行人工优先设置。

● 可由总控制中心进行集中控制，控制整个建筑的遮阳百叶同时运行，控制不同朝向或不同楼层的遮阳百叶同时运行。

● 可设置分控开关，控制每一个遮阳百叶的开启、关闭，并可选择定位在任意角度。

目前比较成功的智能遮阳监控系统有两种：

1）时间电机控制系统

在这种控制系统模式下，控制器存储了太阳升降过程的记录，可以根据太阳在不同季节的不同起落时间做出调整；能够利用阳光热量感应器进一步自动控制遮阳设施的工作状态，实现环境控制，以达到节能效果。

2) 气象电机控制系统

在这种控制系统模式下，控制器就是一个完整的气象站，在建筑的不同部位安装太阳、风速、雨量、温度传感器。控制器在安装过程中，已根据不同的建筑以及建筑选址进行基本程序的录入，包括光强弱、风力、延长反应时间等数据。同时，这些数据可以随时更新。

智能遮阳监控系统的优点主要体现在以下几个方面：
- 降低人工控制带来的误差和不合理性；
- 根据季节、天气、时间、阴影及不同朝向，调节遮阳开关或者百叶角度等，达到最佳遮阳效果，提高建筑节能效率；
- 结合 BA 系统，实现更加舒适的室内环境；
- 集中控制或定时控制所有遮阳设施的运行状态，保持建筑外观统一性；
- 与智能照明系统联动，实行光热环境的统一和协调；
- 与应急系统联动，在紧急情况下收起遮阳设施，最大限度地提高安全性。

综上所述，控制方式的关键在于通过控制遮阳设施的启闭及翻转角度，从而改变建筑的遮阳系数，以达到减少空调能耗，节能的目的。

5.3.4 案例介绍

1. 阳光自动跟踪和叶片翻转原理

依照建筑所在地的经纬度，可以利用软件对不同季节和不同时间的阳光仰角和方位角进行计算，并将结果直接储存到电机控制器内。电机控制器会自动计算出与之相对应的阳光角度，并自动以设定角度为步长将叶片翻转到合适角度来遮挡阳光的直射。

2. 设置阳光跟踪
- 根据建筑的形体和朝向在大楼的立面设定若干参考点并对参考点进行四季日照分析；
- 根据大楼朝向和高度计算每个参考点在不同季节和不同时刻的阳光仰角和方位角；
- 将计算结果储存在电机控制器中自动运行；
- 随时翻转叶片的角度在防止阳光直接射入室内的同时，尽可能张大角度保持良好的视觉效果，让自然光反射到室内顶棚。

3. 计算建筑物阴影的遮阳

在太阳的运行过程中，建筑物本身对邻楼投下阴影，而周边高大建筑物对本建筑物也可能有遮挡作用。在阴影投射到的窗户实际上并不需要遮阳，否则房间会变暗，因此需要叶片水平或收起。
- 根据建筑平面图和立面图建立模型；
- 利用计算的各个参考点的仰角和方位角，根据大楼周围建筑的阴影及本身的形状和朝向来计算每一天及一年的阴影变化；
- 这些数据一旦计算后被记录在百叶控制器内；
- 在不同时刻百叶控制器自动根据存储的计算结果知道哪些参考点位于阴影下，而翻转叶片到水平位置，让更多的光线进入室内。

4. 工程案例:
- 浙江省某绿色建筑科技馆

位于浙江的某绿色建筑科技馆楼宇自控系统结合自然通风系统采用了智能窗启闭监控系统,在满足建筑物舒适度及空气品质的同时大大地节约了能源消耗。

该科技馆有地上四层,地下设半地下室。地下室设有电动双层窗 50 个,静电除尘器 27 个,风量调节阀 33 个共计 11 处,分 4 路开关量控制。一层共有风量调节阀 35 个;二层共有风量调节阀 55 个;三层共有风量调节阀 48 个。一层至三层均分南北两回路供电和控制,并监测手自动、开关状态。四层共有风量调节阀 26 个,分两路供电和控制,并监测手自动、开关状态。进风风阀开度根据房间的平均温度进行 PID 调节控制,出风阀与进风阀可同步调节。设有电动双层窗 64 个,分四路供电及控制,并监测手自动、开关状态。屋顶层共有通室外电动风阀 72 个,分两路供电及控制,并监测手自动。

图 5.3.4　遮阳百叶安装图

科技馆外遮阳采用通信接口与 BA 系统通信。南向窗遮阳电动共 18 组,1 至 3 层每层 6 组,北向窗遮阳则采用手动。每层设有一个供电箱,监控其供电回路的开关,监测手自动状态和工作状态。南向遮阳的控制按每层每个房间一组并联控制。遮阳的转动方向采用 220V 交流浮点控制方式。在需要的时候,整个南立面遮阳可以保持在同一角度,并且每组百叶可单独控制。

夏天和冬天遮阳控制的主要目的是调节空调负荷;过渡季节控制的主要目的是调节室内照度。在实际运用中,系统可以根据室外气象开闭遮阳百叶,当日照强度大时,百叶的角度可以调小;也可定时控制遮阳百叶的开闭、收放和角度;此外,物业管理还可以强制性地关闭或收放遮阳百叶。比如可以根据太阳的走向设定每隔 1 小时调整一次百叶角度。该科技馆内南向每个房间内的外区设有一个光照度计,每层外窗各安装两个室外光照度计。DDC 通过通信线和电机连接,通过编程控制百叶旋转的角度。当遮阳失电时,叶片将保持原位,发生火警时,遮阳百叶将强制打开。若接收到火灾报警信号,所有遮阳百叶角度均可处于水平位置,与火灾消防系统联动(图 5.3.4)。

- 某建筑大厦的智能幕墙控制

大厦的幕墙和室内都安装了不同型号的百叶,采用智能面板、智能系统自动控制联动的控制方式来控制遮阳百叶,以达到最佳的遮阳和采光的综合效果。

该大厦可按时调节遮阳百叶帘角度。如预先设定每一时段遮阳百叶帘的遮阳度,然后根据太阳的走向,设定每隔一小时遮阳百叶帘就进行一次调整。遮阳百叶帘每过一小时自动进行一次遮阳角度调整,能更好地调节室内的采光。大厦还可定时收放遮阳百叶,设定遮阳百叶帘的收放时间。例如可设定早上 9 点放出,下午 5 点收起。通过控制系统就会在相应的时间自动放出和收起遮阳百叶帘。

遮阳百叶帘也可由现场智能面板开关来实现个性化的控制。通过智能面板可控制房间内每一幅幕墙的遮阳百叶帘的放出与收起以及遮阳帘角度的调节，更为灵活方便地实现遮阳功能。同时，遮阳百叶与照明系统、智能系统自动控制联动，使得室内保证足够照度的同时可以关闭多余的照明，以降低能耗。

大厦采用智能面板、智能系统自动控制联动的控制，除可以控制遮阳百叶外，还可控制外推窗和上推窗的开关。系统根据楼顶的气象装置，如雨水、风力传感器所测得的气象情况来自动控制外推窗和上推窗的开启与关闭，调节室内外的温差。与控制遮阳百叶帘一样，大厦可通过定时器设定外推窗和上推窗的开启时间与关闭时间。如果设定早上9点打开下午5点关闭，那么幕墙通过控制系统就会在相应的时间自动开启与关闭外推窗和上推窗。此外，外推窗和上推窗也可由现场智能面板开关来实现其个性化的控制。通过智能面板可控制房间内每一幅幕墙的外推窗和上推窗的开启与关闭，更为灵活方便地实现外推窗和上推窗的功能。

该大厦还实现了综合智能幕墙的控制，通过智能玻璃幕墙的门、窗、遮阳与空调、灯光照明等控制设备的联动控制实现节能。如调整遮阳帘角度与太阳照射角度同步，利用光线的反射与散射供室内采光，当室内采光达到一定照度时，关闭或部分关闭灯光照明，这样既减少室内的用电量和照明灯具产生的热量，又减少空调的用电量，完成节能循环的可持续发展。

5.3.5　智能遮阳监控系统设计展望

遮阳是建筑节能的有效途径，良好的遮阳设计不仅可以节能，同时可以丰富室内的光线分布，还能够丰富建筑造型及立面效果。作为建筑智能化系统不可或缺的智能遮阳系统，随着其技术的不断进步和建筑智能化的普及，建筑遮阳将会有更加完备的智能控制系统，相信越来越多的建筑将采用智能遮阳系统，通过智能化的运用使遮阳达到最佳的效果。

遮阳技术的合理应用对于节能减排、绿色节能具有相当的意义和价值。而融合了现代高度发展的智能化技术的遮阳技术，将充分发挥其遮阳技术的"主观能动性"，势必可以达到在原有节能基础上的更节能，在原有绿色基础上的更绿色，在原有智能基础上的更智能。

附录：遮阳系数的基本概念及计算方法

遮阳系数的最初定义是围绕建筑窗户隔热性能展开。一般采用太阳辐射得热系数(solar heat gain coefficient，SHGC) 反映通过特定窗户系统进入室内的太阳辐射得热大小，其定义为：通过建筑窗户系统进入室内而成为建筑得热的那部分太阳辐射，包括通过玻璃直接进入室内部分和被建筑窗户系统吸收后再进入室内的部分。计算公式如下：

$$SHGC(\theta)=\frac{\int_{\lambda}E_D(\lambda)[T(\theta,\lambda)+N\lambda(\theta,\lambda)]d\lambda}{\int_{\lambda}E_D(\lambda)d\lambda} \tag{1}$$

式中　　θ——太阳辐射入射角；
　　　　$E_D(\lambda)$——入射太阳光谱辐射力；
　　　　$T(\theta,\lambda)$——玻璃系统的光谱透射比；
　　　　$\lambda(\theta,\lambda)$——玻璃系统的总光谱吸收率；

N——吸收热向室内侧放热比例。

可见，SHGC 的大小受透射的太阳波长、入射角、高度等因素的影响。一般情况下，由于波长变化引起的太阳辐射得热系数变化较小，因此对于太阳辐射得热系数的计算可以忽略。

目前，我们运用"遮阳系数"的概念（shading coefficient，SC）来反映建筑实际的太阳辐射得热。

"遮阳系数"的定义：在给定的太阳辐射投射角度和太阳辐射波段内，通过某控制窗户系统的太阳得热系数与通过标准单层平板白玻璃的得热系数的比值，在忽略太阳辐射波长的影响前提下，SC 计算公式如下：

$$SC = \frac{SHGC(\theta)_{控制}}{SHGC(\theta)_{标准}} \tag{2}$$

在 ASHRAE（American Society of Heating，Refrigerating and Air-Conditioning Engineers Inc.；美国采暖、制冷与空调工程师学会）规定的夏季工况，ASTM（American Society for Testing and Materials；美国材料与试验协会）提供的标准太阳光谱条件下，受到法相辐射时，标准平板白玻璃的 SHGC 为 0.87，SC 为 1.0。这样，其他玻璃的遮阳系数可以通过下式计算：

$$SC = \frac{SHGC(\theta)_{控制}}{0.87} \tag{3}$$

对于由多层玻璃或材料组成的窗户系统，可以用数学计算方法获得系统的遮阳系数。

与建筑窗户一样，建筑遮阳设施的遮阳系数同样受到太阳辐射投射角度、太阳光线入射角度等地理和气候条件的影响。不仅如此，建筑遮阳设施的遮阳系数还受到遮阳设施材料、构造、安装位置等因素影响，具体计算方法有季节平均法和 SHGC 计算法。在此不再赘述，具体可参见相关专业指导书。

5.4 呼吸墙监控系统

5.4.1 概述

双层玻璃幕墙国内一般叫做呼吸式玻璃幕墙，简称呼吸墙，国外一般叫做 "double-skin facades"。双层玻璃幕墙一般由两层玻璃幕墙构成，中间设有遮阳百叶，幕墙上根据需要有可以开启的通风口。在不同的气候条件下，可以有多种工作模式。夏季，一般利用烟囱效应，太阳辐射强烈的时候放下遮阳百叶，利用热压（或辅助于风压），排除一部分热量；冬季，收起百叶，关闭通风口，利用温室效应，起到保温和节能的效果；在过渡季，则可以根据主导风向，适当的开启通风口，进行自然通风（图 5.4.1）。

双层玻璃幕墙在 20 世纪 80 年代就已经在欧美一些国家开始用于办公建筑，90 年代在欧洲出现了大量地采用双层玻璃幕墙的高层建筑。双层玻璃幕墙的主要功能有：可以充分利用太阳能、保障良好通风效果、提高隔声能力、降低空调使用率、减少风及恶劣气候的影响、提供良好的工作居住环境。内层幕墙可采用普通幕墙或铝合金窗，外层幕墙可采用隔热明框幕墙或者采用隔热单元幕墙。一般外层玻璃选用中空钢化玻璃，内层玻璃选择普通单片钢化玻璃。外层幕墙完全封闭，空气流动在室内和热通道间进行。

5.4.2 呼吸墙分类

5.4.2.1 空气间层中通风驱动力方式

空气间层中气流的通风驱动力可分为：机械通风、自然通风、混合通风。而每个双层玻璃幕墙只有一种通风驱动力。因此按照空气间层中通风驱动力的不同，双层玻璃幕墙也可以分为3种类型：(1) 气候式外墙——机械通风；(2) 自然通风外墙——自然通风；(3) 交互式外墙——混合通风（机械通风+自然通风）。

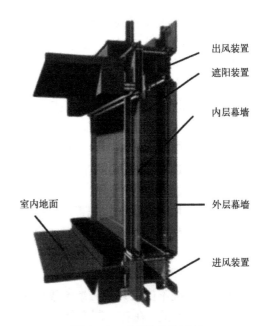

图 5.4.1　呼吸墙结构原理

1) 气候式外墙

气候式外墙又称为"主动式外墙（Active wall）"，是典型的机械通风双层玻璃幕墙。通常在空气间层的外侧采用夹层保温玻璃，内侧采用单层平板玻璃。自动的遮阳设施可以安装在空气间层中。空气间层的通风完全是以机械通风的方式实现的。

室内废气常常经过内层玻璃底部的缝隙进入空气间层，在内置式风扇的驱动下，回流至通风系统。在有阳光的时候，遮阳设施（百叶）吸收来自太阳辐射的能量，通过在空气间层中的通风将热量带走。当气候式外墙与建筑暖通系统整合时，冬季遮阳设施（百叶窗）吸收的热量可以通过间层中的通风送至暖通系统。热量被暖通系统回收后又可以用于预热室内供风，给室内提供温暖舒适的环境。在采暖期间或太阳光较少的时候，由于室内空气进入空气间层中的缘故，内层玻璃的表面温度总是保持在接近室温的状况下，致使在双层玻璃幕墙的室内一侧、建筑周边区域内使用者仍然有舒适的感觉。这种系统由于室内热空气进入空气间层，可以减少外墙的传热损失，因此外层玻璃可以采用透明的夹层玻璃，更好地利用天然采光，直接节省人工照明的能源，由于减少人工照明而降低了制冷负荷。

2) 自然通风外墙

自然通风外墙又称为"被动式外墙"。双层玻璃幕墙的外层常常采用单层玻璃，内层采用夹层玻璃。空气间层中的通风是利用室外空气，通过自然通风的方式实现的。这是由于自然通风要利用风压作用和室外与空气间层内部的温差、外层玻璃上的通风口等来形成热压作用（烟囱效应），实现通风。室外与空气间层内部有较大温差时，新鲜的室外空气通过外层玻璃下方的进风口进入空气间层。在空气间层中空气受阳光影响变热、上升，通过外层玻璃上方的排气口排出至室外，或通过内层玻璃上的通风口进入室内。空气间层内外温差越大，这种系统的通风效果就越好。因此，利用烟囱效应进行自然通风的双层玻璃幕墙不适合用于炎热气候中。

自然通风外墙可以在高层建筑中采用。由于高层建筑受风荷载影响较大，双层幕墙的室内外两侧有较大的风压差。当外层玻璃与内层玻璃都开有通风口或窗时，室外空气将通过空气间层流入室内。但此时为了避免进入室内的空气气流速度过大，常常在外层玻璃的通风口处设置由中心计算机控制的可以机械调节的通风栅格以调整进风的气流速度。

在城市环境中，自然通风的采用可能要受到交通噪声和空气污染的影响，噪声可能会传至室内，室外的空气污染可能会降低室内的空气质量，这样的室内环境并不令人感到舒适。因此，自然通风外墙更适合用于气候温和的郊区，在那里室外空气通过空气间层进入室内，可以创造令人满意的室内环境。

3）交互式外墙

交互式外墙也是双层玻璃幕墙的一种，其外层玻璃常采用夹层玻璃，内层常采用单层平板玻璃。空气间层中的通风可以来自室内空气，也可以来自室外空气。关键的是经过空气间层的通风是以自然通风为主，以机械通风为辅，在空气间层中设置微型风扇。交互式外墙的通风原理很像是自然通风外墙，但最大的不同之处在于其通风是辅助以机械通风的。这意味着该系统不仅仅只依赖烟囱效应和风压作用，还可以在室内外温差不大的炎热气候中正常运行。因此，在有高制冷负荷的炎热气候，或当制冷负荷是主要关注因素的情况下，这种双层玻璃幕墙是理想的通风外墙。除了可以利用太阳能热量的优点之外，该系统即使是在高层建筑中也能够利用可开启的窗进行自然通风。

5.4.2.2 空气流循环方式

根据热通道幕墙的空气流循环方式，可将其分为"封闭式内通风体系"和可自然通风的"敞开式外通风体系"两种类型。

1）内通风

内通风双层幕墙其外层玻璃幕墙一般为全封闭，内层玻璃幕墙下部设有通风口，热通道与室内吊顶内暖通系统抽风管相通，室内空气通过通风口进入热通道，通过强制性空气流动循环，使内侧幕墙表面温度达到或接近室内温度，从而在靠近玻璃幕墙附近区域形成良好的工作环境。这就大大节省了取暖和制冷的能源消耗，达到节能效果。同时通道内可设置可调控的百叶窗帘或垂帘，以有效地调节日照遮阳。

内层幕墙可采用普通幕墙或铝合金窗，外层幕墙可采用隔热明框幕墙或者隔热单元幕墙。一般外层玻璃选用中空钢化玻璃，内层玻璃选择普通单片钢化玻璃。外层幕墙完全封闭，空气流动在室内和热通道间进行。内、外层幕墙间热通道的宽度较窄，一般为120~300mm。需要借助于专门的设备完成空气的流动，运行成本较高。需要增设自然空气进入窗，便于清洗双层玻璃之间的灰尘。使用材料较少，因此成本较低。但需用电力驱动抽风，它比外通风结构节能率低一些。可根据需要在热通道内设置可调控的铝合金百叶窗或电动卷帘，有效地调节阳光照射（图5.4.2-1）。

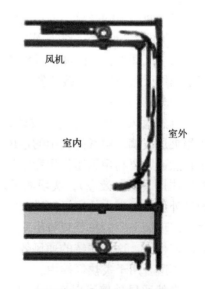

图5.4.2-1 内循环机械通风

2) 外通风

外通风双层幕墙则是在外层玻璃幕墙上下两端设有进风和排风装置，与热通道相连。冬天关闭进风和排风口，由于阳光的照射，热通道内空气温度像一个温室，可以提高内侧幕墙的外表面温度，减少建筑物采暖运行费用。夏天打开热通道上下两端的进、排风口，在热通道内由于"烟囱效应"产生气流，气流运动带走通道内的热量，降低内侧幕墙外表面温度，减少空调负荷，节省能源。通过通道内上下两端进、排风口的调节在通道内形成负压，利用室内两侧幕墙的压差和开启扇就可以在建筑物内形成气流，进行通风换气。这样，通过对太阳辐射的有效利用，就可以实现节省能源。

内层幕墙一般采用中空玻璃或者 Low-E 玻璃，型材为隔热型材，外层幕墙则采用由单片玻璃制作的敞开式幕墙结构。外通风双层幕墙可以完全靠自然通风，不需要借助于专门的设备，维护和运行费用较低，是目前应用比较广泛的双层幕墙形式。外通风双层幕墙的进风口和排风口可以开启和关闭，夏季时开启进风口和排风口，热空气形成自下而上的空气流动，带走热通道内由于日照而产生的热量，降低内层幕墙的外表面温度，减少了空调制冷的负荷，节约了能源，降低了能耗；冬季关闭进风口和排风口，热通道因为阳光照射得以温度升高而成为封闭温室，提高了内层幕墙的外表面温度，起到保温作用，减少了建筑物采暖的运行费用。此外，外通风双层幕墙也可以根据需要在热通道内设置可调控的铝合金百叶窗帘或者电动卷帘，有效地调节阳光的照射（图 5.4.2-2）。

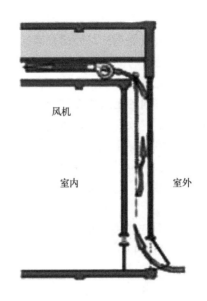

图 5.4.2-2 外循环机械通风

5.4.3 呼吸墙监控系统

在德国、美国等发达国家已将呼吸式幕墙与电子计算机系统结合在一起，发展了智能幕墙。采用智能幕墙系统的建筑其能耗远低于传统幕墙，可见智能幕墙将是节能环保幕墙发展的又一新目标。

智能玻璃幕墙包含幕墙结构系统、通风空调系统、阳光调节系统、环境监测系统和计算机控制系统，是一套较为复杂的系统工程，是从功能要求到控制模式、从信息采集到执行指令传动机构的全过程控制系统。它涉及气候、温度、湿度、空气新鲜度、照度的测量，取暖、通风空调遮阳等机构运行状态信息采集及控制，电力系统的配置及控制，楼宇计算机控制等多方面因素。

幕墙结构系统：主要是指玻璃幕墙由两块不同材质的玻璃组成，内外层玻璃中间形成一个空气层，这就是玻璃幕墙的结构系统。呼吸式玻璃幕墙中的特殊构造设计可以实现冬季保温和夏季隔热双重功能。首先材料有利于保温隔热。外层幕墙采用 10mm 单层钢化玻璃幕墙，内层幕墙为"断桥"型材和 6+12+6mm 中空玻璃（外层 Low-E 膜），对阻止夏季热量进入和冬季室内热量散失都具有显著作用。其次，530mm（净宽）的空腔间距保证了缓冲区换气层夏季通风换热作用和冬季囤热保温作用的兼顾。由于呼吸式幕墙采用的双层结构之间有一相当宽的空气通道，而空气对声波的阻尼系数较大，所以呼吸式幕墙不需安装隔声材料也可达到良好的隔声效果。通过类似的工程试验数据得知呼吸式幕墙对室外声音的隔声性能一般可到30dB以上。

通风空调系统：双层玻璃幕墙内外层玻璃之间形成一个空气层。双层玻璃幕墙的通风空调系统主要是对风机及通风口的开关控制，通过对环境的实时监控来采取不同的通风控制方式。工程幕墙系统中通风处理上采取以两层为单元的对角线通风模式，并尽可能扩大通风面积，利于有效组织进出气流，带走空腔余热。使用该类型幕墙时可根据需要自由打开内层开启窗，引入室外新鲜空气进行通风。

呼吸式玻璃幕墙由于缓冲区的温室作用，使内层幕墙玻璃内外两侧的温差变小，内表面温度大大提高。对外层幕墙来说，由于缓冲区与室外气体相通，使外幕墙内外两侧温差减少，随时将潮湿气体换气排出室外，所以外层幕墙内表面较少结露。

阳光调节系统：双层玻璃幕墙中的阳光调节系统主要是通过对电动百叶窗的控制，调节进入室内的光线角度和强弱。呼吸式玻璃幕墙可以根据需要控制遮阳百叶收起或在任意位置放下，改变室内光环境。

环境监测系统及计算机控制系统：双层玻璃幕墙中所有的控制都基于传感器给出的信号，也就是环境监测系统给出的信号。双层玻璃幕墙中的环境监控系统主要由光敏传感器、温度传感器、空气质量监测仪等组成。采集器将采集的数据传送到计算机，控制程序给出控制响应。

整个智能幕墙系统通过对外界及室内的各个参数的监控，从通过控制策略达到控制目标（图5.4.3）。

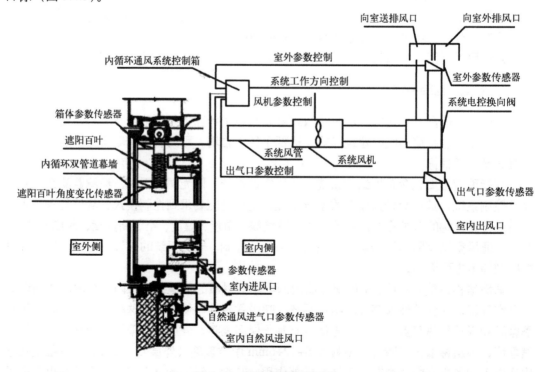

图5.4.3 智能幕墙控制系统

5.4.4 呼吸式玻璃幕墙系统的应用

1）遮阳方案的选定

遮阳的有无和好坏，是影响呼吸式玻璃幕墙室内热环境的关键因素。而其中遮阳的位置是呼吸式玻璃幕墙的设计重点之一，不同的位置将对其功效产生不同影响。在有通风的前提条件下，双层间遮阳的效果要比其他遮阳方式的效果好。其不仅降低了室内空气温度，而且减少了遮阳构件所占用的建筑室内使用面积，实现了在节能的前提下保持了光洁建筑物表面的设计初衷。在没有通风的情况下，其空腔间层的烟囱效应无法发挥作用，隔热效果反而不好。采用双层间遮阳以及恰当的通风方式，使得在夏季双层玻璃幕墙隔热效能远胜于单层玻璃幕墙。

双层空腔间层遮阳位置的微调是呼吸式玻璃幕墙的遮阳防热设计的再延续。遮阳装置越是靠近内层玻璃，内层玻璃外表面升温越快，直接向室内传热的传热量也就越大。同时遮阳装置和玻璃之间的空间间距越小，其容纳空气的携热能力越低，空气升温越快，也直接影响到室内的热环境。

不同的遮阳构造材料会表现出不同的隔热效能。遮阳应结合实际情况采取相应的遮阳材料。根据材料某些特点以修正、改变太阳辐射吸收率、透过率、反射率，从而达到理想的隔热效能。

2）与内装修部分的结合

考虑到内层开启窗的位置及开启方式会对办公家具、围护栏杆及室内空调和新风通风效果产生影响，为保证系统最佳运行状态，在装修方案中应结合建筑空调及新风系统对室内入户门的位置及空调新风末端的室内开口位置进行优化调整。

3）防火措施

需在呼吸式玻璃幕墙进风口铝合金百叶下方设保温岩棉层，出风口铝合金百叶上方设保温岩棉层。进风口与排风口之间用竖向保温岩棉层断开，也就是说进风口与排风口是不相通的。保温岩棉层与交接处打防火密封胶密封。采用以上措施完全可以阻止下层烟火蔓延到上层，经内层幕墙进入到"双层皮"玻璃幕墙之间的火也会被通风口处的保温岩棉层所阻断。下层的浓烟会经过出风口排到室外，减少室内的有害气体。

4）防雨措施

双层幕墙内层幕墙密封采用胶条和密封胶处理方式。进风及排风通风口处排水需要采用以下措施。首先通风口处有梭形铝合金百叶，大部分雨水被铝合金百叶挡在外面。少量雨滴进进百叶内，会弹到不锈钢防虫网中，水流向下流淌，下面应设一披水板收集水滴，排到室外。冲力大的雨滴会经防虫网减速力后，直接落到披水板上，通过披水板排到室外。暴风雨时可以关闭通风调节器（正负风压平衡式），达到防水目的。

5）防尘措施

呼吸式玻璃幕墙防尘通风由进风装置、内层开启窗和出风装置构成。在进、出风装置中应设置有阻挡较大颗粒灰尘的纱网和金属格栅，将沙尘挡在外面，让新鲜的空气进入室内；并通过空气热压作用，把室内的污浊空气排出室外。在进风口使用固定开启角度的通风百叶和电动开启窗两道通风控制系统以抵抗沙尘暴。

6）遮阳百叶控制措施

大楼智能化系统应为呼吸式玻璃幕墙遮阳百叶的控制提供统一控制的平台，使得遮阳百叶既能应业主的意愿来调整光线，改善室内光环境；也可在节假日的时候由管理方利用楼控系统对大楼的各立面进行统一调整，达到最佳的外观效果。

5.4.5 案例介绍

5.4.5.1 德国波恩邮政总局

德国邮政局在波恩的新总部大楼的建筑形态及立面设计，将换气通风作为主要因素之一，弧面开放性玻璃幕墙分散引进室外空气，每九层楼的空中庭园集中排气。分段开放式双层结构的玻璃幕墙，每段九层楼高，外层幕墙采用单层低铁玻璃，开关采用中央控制；内层采用低铁充气钢化中空玻璃，开关采用手动控制；内、外层之间的通道宽度：南立面为1.35m，北立面为0.85m。

双层玻璃幕墙的温室效应将进气预热，独立的地板环流加热，顶棚中央系统提供基本暖气，利用办公室排放之热气加热空中花园，作为间接热回收。

双层幕墙中的遮阳装置，不受风速限制；利用烟囱效应释放外墙所吸收的热；独立的外气冷却系统；利用莱茵河水冷却混凝土楼板；以凉爽的表层温度提高室内舒适度；夜间注入冷空气以降低建筑物的热容量。

5.4.5.2 德国法兰克福银行大厦

大厦高300m，共53层，主干是一个高大的中庭，以其烟囱效应为整个大厦排气，52层被划分为4个办公单元，每个办公单元都带有一个4层高的空中花园，并种植了丰富的植物，空中花园的外侧是双层玻璃幕墙。室外空气通过外墙进风口进入内、外层玻璃幕墙之间的热通道，可开启的窗户设在内层玻璃幕墙上，即使在恶劣天气，最高层窗户开启，也不会受到强风的干扰，从而保证了整个大厦的自然通风，朝向中庭一侧的窗户也可以开启排气；花园植物的光合作用、双层玻璃幕墙的自然通风和中庭烟囱效应的排气等共同构成了大厦之"肺"，将绿色植物引入室内，创造与自然接触的人性化空间，又称之为"生态舱"。设计者自称这一设计是"世界上第一座活着的、能够自由呼吸的高层建筑"。

在寒冷的冬天，计算机将关闭内层幕墙的窗户，通过中庭来自然通风。在夏季，窗户可以打开以获得穿堂风。

该设计成功地将自然景观引入超高层集中式办公建筑，使城市高密度生活方式与自然生态环境相融合，被称为世界上第一座"生态型"超高层建筑，其双层结构的玻璃幕墙可称作是"生态型"的"呼吸幕墙"。

5.5 节能电梯的监控系统

5.5.1 节能电梯

随着城市化进程不断推进，高层建筑及其内部的电梯越来越多。据不完全统计，我国目前电梯数量已超过100万台，每天约有16亿人次乘坐电梯。按照每台电梯每天用电量80度计算，全国电梯每天消耗的总电能超过8000万度，每年消耗的总电能超过292亿度，数字相当可观。

当前的电梯节能主要从以下几个方面着手：

1）使用永磁同步无齿主机。目前取得大面积应用的涡轮蜗杆减速器的传动效率很低，约有一半的能量损耗变为热能，同时传统的异步电动机由于存在相位差，其有功功率只有 85% 左右。而永磁同步无齿主机可以有效避免上述问题，更有利于达到节能的目的。

2）合理设置电梯基站，优化派梯功能。此方式将梯群控制原理应用于单梯和并联梯的程序控制中，根据大楼的运营特点和客流的高低峰值，由自动控制系统选择电梯最佳的运行方式，控制待梯停靠楼层及自动分配电梯运营时间，达到节能的目的。

3）推广使用电梯回馈器，实现电能反馈。根据曳引电梯在电力拖动方面的四象运营特点，在电梯轻载上行的第 2 象限电动机处于上行再生状态，在重载下行的第四象限电动机处于上行再生状态。通过加装电梯回馈器，将再生的电能反馈回用户电网中去，实现节能。同时，电梯在使用过程中，机房内电阻发热现象很严重，最高可达上百度。由于机房控制柜的电路印板对室温的要求比较高，为了保证电梯的正常使用，须在机房内加装大排风量的空调或排风机。电梯的回馈装置把电梯运行过程中的机械能转化为电能，在回收能量的同时大大降低了电阻发热量，减少了机房降温所需要的电能，可谓一举两得。因此，加装电梯回馈器是当前最常见的节能电梯的方法。

5.5.1.1 节能电梯的工作原理及设备

1）节能电梯的工作原理

图 5.5.1-1 所示的是电梯示意图。可以看到，电梯的轿厢与电梯配重连接在钢丝的两端，悬挂于电梯驱动电动机上。当电动机正向或者反向旋转时，轿厢会相应的上行或者下行，实现运送乘客或货物的目的。位于电梯控制系统中的变频器是驱动电动机运行的装置。一般来讲，电梯平衡系数为 50% 左右，即轿厢内放置 50% 左右载重时，轿厢与电梯配重的重量相当。当电梯轿厢重量小于电梯配重重量时，电梯上行时势能转化为电能，向电动机回馈能量，即发电运行；电梯下行时需要电动机拖动负载做功，电动机从电网中消耗电能，即电动运行。反之当电梯轿厢重量大于电梯配重重量时，上行为电动运行，下行为发电运行。

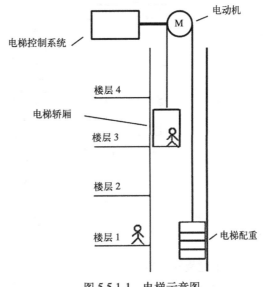

图 5.5.1-1 电梯示意图

电梯发电运行，所产生的能量通过电动机和变频器转化为变频器直流母线上的直流电能。这些能量被临时存储在变频器直流回路的电容中，随着电梯工作时间的持续，电容中的电能和电压越来越高，导致过压故障，电梯停止工作。而为了避免电梯过压故障，常常在直流母线上增加能耗制动部分。这种方式是十分浪费的。最理想的方式是在电梯中使用能量回馈装置，将这部分直流母线上的能量自动回馈到交流电网上，供电梯周边设备用电。采用这种方式的电梯一般节电率可达 15%～45%。

2）能量回馈器的原理和选型

介绍两种电梯回馈装置：电梯回馈制动单元和有源能量回馈器。

① 电梯回馈制动单元

要实现直流回路与电源间的双向能量传递，最有效的办法是采用有源逆变技术，即将再生电能逆变为与电网同频率、同相位的交流电回送电网，从而实现制动。图 5.5.1-2 所示为回馈电网制动原理图，它采用了电流追踪型 PWM（脉冲宽度调制）整流器，这样就容易实现功率的双向流动，且具有很快的动态响应速度。同时，这样的拓扑结构使得交流侧和直流侧之间的无功和有功交换完全得到控制。使用回馈制动单元的升降电梯可以顺利地实现将电容中储存的直流电能转换成交流电能，并回送到电网中，节电率达 30% ~ 40%。

电梯回馈制动单元采用 DSP 中央处理器，速率高、精度高、稳定性能好及抗干扰能力强，其一般采用自诊断技术来确保输出电压精确，防止电流回送，使变频器不受影响。电梯回馈制动单元在频繁制动的场合，节电更明显。由于采用了电梯回馈制动单元，无需再使用电阻发热元件，降低了机房的环境温度，同时也改善了电梯控制系统的运行温度，延长了电梯使用寿命。此外电梯机房也可以不再使用空调等散热设备（图 5.5.1-2）。

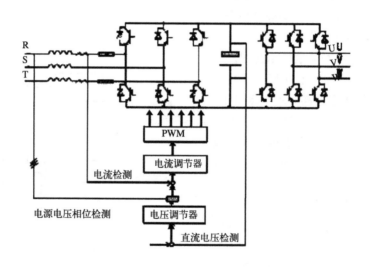

图 5.5.1-2　电梯回馈制动单元回馈电网原理

② 有源能量回馈器

有源能量回馈器中，IPM（智能功率模块）是主电路中的核心元件，它将直流电能通过逆变桥逆变为与交流电网同步的三相电流回送电网。其对欠压、过流、过热等的保护功能保证了能量回馈单元的安全可靠运行。隔离二极管可防止能量回馈单元反送电能给变频器。滤波电感、滤波电容等电力器件构成高次谐波滤波器，阻止 IPM 模块高频开关产生的高次谐波电流干扰电网，提高能量回馈单元的电磁兼容（EMC）性能。控制电路由单片微机、可编程逻辑芯片、外围信号采样器构成。配以冗余度高的软件设计，使控制电路能自动识别三相交流电网的相序、相位、电压、电流瞬时值，有序地控制 IPM 工作在 PWM 状态，保证直流电能及时的回馈和再生利用（图 5.5.1-3）。

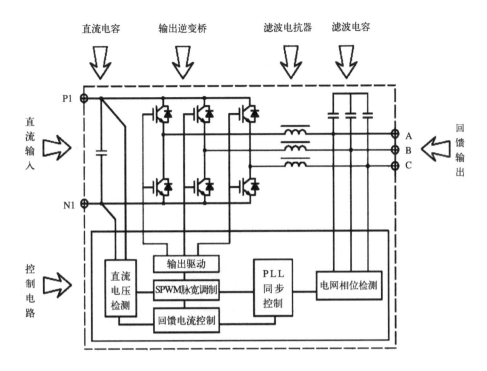

图 5.5.1-3 电梯有源能量回馈电网原理

新型能量回馈器有一个非常突出的特点，就是具有电压自适应控制回馈功能，确保当电网电压波动比较大时电梯也会照常工作。另外，只有当电梯机械能转换成电能送入直流回路电容中时，新型能量回馈器才会将电容中的储能回送电网，有效解决了原有能量回馈的不足。新型能量回馈器可最大限度地抑制驱动电梯的变频器对电网的谐波干扰，净化电网环境。据统计，通过有源能量回馈器可以实现节电 25% ~ 50%，且越是大功率、高楼层、频繁使用的情况下，节能效果越是明显。

从上述分析可以看出，电梯回馈制动单元在频繁制动的场合节电更明显，如商场、企业自用办公楼等；而有源能量回馈器在大功率、高楼层、频繁使用的情况下节能效果更好，如高层宾馆、综合办公楼等（图 5.5.1-4）。

5.5.2 节能自动扶梯

自动扶梯和自动人行道广泛使用在宾馆、商场、地铁、车站、机场等公共场所，有利于方便顾客和提高服务质量。但实际运行情况存在负载量不均匀、经常出现空转等现象，浪费了大量的电能，同时也使扶梯配件（电机、减速箱、传动链条、扶手带）磨损严重，增加了用户的运营和维护成本。

5.5.2.1 节能自动扶梯的工作原理及设备

目前自动扶梯的控制系统已开始采用微电脑控制，主要有三种运行方式：

1) 自动运行方式。在扶梯上下口处安装光电传感器，一旦传感器在感应区域内检测到有乘客进入扶梯，扶梯就启动并一直以额定速度正常运行。在扶梯出口侧传感器检测到最后一个乘客离开扶梯，且在预先设定的时间内没有检测到有乘客进入扶梯时，扶梯自动

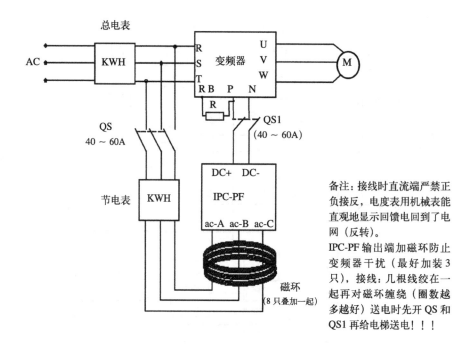

图 5.5.1-4　回馈制动单元 IPC-PF 安装图

停止。待有乘客进入扶梯时再投入运行。

2) Y－Δ 运行方式(ECO 方式)。通过扶梯 Y－Δ 启动装置,根据客流情况进行 Y－Δ 切换。当扶梯处于空载或轻载时,控制系统将驱动电机从 Δ 型运行自动切换到 Y 型运行来达到节约能耗的目的。扶梯负载增加后,扶梯再自动转成 Δ 型运行。

3) 变频运行方式（VVVF 方式）。在扶梯上增设变频装置,通过变频器启动扶梯运行。扶梯正常运行时为 100% 额定速度 (0.5m/s)，如无乘客乘梯,扶梯由 100% 额定速度自动降为 20% 速度 (0.1m/s) 爬行，如扶梯在 20% 速度下运行很长一段时间仍无人乘梯,则扶梯会自动平缓运行或停梯待命。在这种方式下,判定有无乘客是自动扶梯选择以何种运行速度的依据。在无人状态时其慢速行驶,处于节能模式,如使用者在预定的方向进入,并出现在红外线探测装置探测范围内时,微机控制系统接收到信号并向变频器发出指令,处于节能模式的自动扶梯在预先设定的时间内平稳加速,直至加速到额定速度运行。当最后一名乘客走出扶梯,且延迟不少于 10 秒钟时间（国际标准规定）后,处于额定速度运行的自动扶梯在预先设定的时间内平稳减速,从而达到节能目的。

从上述分析可知,扶梯采用自动运行方式节能效果比较明显,控制方式简单可靠,但会造成扶梯频繁启停,电动机制动部分的抱闸系统容易磨损,影响扶梯使用寿命。此外乘客使用上稍有不便,且存在一定安全隐患。而 Y－Δ 运行方式有一定节能效果,理论上可节电约 30%，但扶梯启动后,一直以额定速度连续运行,增加了扶梯的耗损,在扶梯检测重载和轻载上有些问题,当扶梯上人数很少时,系统可能还是以慢速运行,效率较低。变频运行方式节电效果突出,一般可节电 60% 左右,尖峰电流比无变频器扶梯减小可达约 80%。且当采用变频调速方式控制自动扶梯运行时,扶梯具备平稳启动、节能运行和检修运行功能。扶梯启动时,避免产生很大的启动电流；无人乘梯时,扶梯由额定运行速度转为低速运行,既节约了能源,减小了机械磨损,也为乘客明确了扶梯运行方向;扶梯检修时,检修运行功能保证了扶梯检修精度。

综上所述,采取变频调速控制自动扶梯运行是最佳的扶梯节能方案,节能效果和使用效果最好。

5.5.3 案例介绍

5.5.3.1 节能电梯案例介绍

某商城客梯功率为45kW/220V、运行高度为50层。由于商场使用频率较高,且频繁制动,所以采用电梯回馈制动单元,效果明显。

1)电梯回馈单元安装接线图

需要材料如下:空气开关2P一只40A,3P一只40A,60A机械式感应电度表两只,开关盒5~6P(明,暗都可以),电缆线50m,圆形8-6端子若干,电胶布若干,护线管若干。

2)安装、接线注意事项

①能量回馈器及与其相连的设备内部都有危及人身安全的高压,操作和安装错误易导致人身安全和财产损失,因此须由经专业训练的人员安装操作。

②安装和接线时,为确保安全,须将能量回馈器和相连的变频器电源全部断开,并且等待5~10分钟,待变频器内部电容全部放电完毕才能操作。

③能量回馈器与变频器尽可能靠近,最远不要超过2m。

④能量回馈器的(+)端子与变频器的直流母线正相连接,(-)端子与变频器直流母线负相连接,这两根电缆宜采用软电缆,并且绞合连接,以减少辐射。

⑤位于散热器上的PE保护接地线螺钉需连接真正的保护接地极,不能连接电网的零线(中性线)。

⑥能量回馈器设计是自然冷却方式,因此要求能量回馈器的上下100mm、左右30mm内不能有遮盖物影响空气流通。

⑦为保证能量回馈器正常工作,将阀值电压调整到比直流母线高约30~50V,如制动单元与电能回馈并用,阀值电压要比制动单元制动时的电压低约10~20V。

3)节电效果计算

采用电梯节能技术后,按最低25%节电率计算,该商城每年在一台电梯上节省用电约为10950度。

此外,由于安装电梯回馈单元后,取代了能耗电阻,消除了发热源,节约了空调用电量。按照1台电梯安装一台3P的空调计算,则平均每台电梯需要配备的空调功率为 $3 \times 0.735/2 = 1.1kW$,按每年空调的使用时间为6个月计算,每年每台电梯节约的空调用电为4752度。

经综合计算,该商城在安装客梯回馈后,每年的节电率约为35%。

5.5.3.2 节能自动扶梯案例介绍

某商场扶梯曳引机功率为7.5kW,每天运行13小时(9:00~22:00),其中扶梯空载运行时间5小时,载客时间8小时。

1)设备配置

对于客用自动扶梯，一般使用高峰期出现在下午及晚间时段，其余时段使用率较低，具有一定的节能空间。从投资成本及自动化水平两方面考虑，变频器采用多段速控制模式，并设置主频率1（低速）、多段速频率2（高速）两种运行频率。

①在电梯首尾处各安装一只红外传感器开关；

②有客流时，红外传感开关被触发，变频器收到信号后立即加速到多段速频率2，控制扶梯高速运行；

③扶梯高速运行时，变频器内置计时器开始计时，若在计时的时间段内再无乘客通过电梯，计时结束后变频器将自动切换到多段速频率1，进行低速运行；

④若在计时器计时期间，有乘客重新触发光电开关，计时器将重新计时；

⑤对电梯上行和下行，外围控制采用开关互锁，保证扶梯系统的正常工作；

⑥考虑到消耗下行及制动过程产生多余能量等情况，在变频器上加装制动电阻。

电机的电路上都加装了"市电"、"节电"接触器，使扶梯有"自动"、"手动"两种工作模式可选择。手动模式下，变频器不工作，整套系统手动起停，工频运行；自动模式下，电机由变频器直接拖动，变频运行。当出现故障时，系统自动切换到工频运行（图5.5.3-1、图5.5.3-2）。

2）扶梯功能参数的设置

自动扶梯专用功能如下表所示：

自动扶梯专用功能表　　　　　　　　　　　　　　　表5.5.3

功能码	名称	参数详细说明	设置范围	缺省值	更改
Pd.00	扶梯专用功能使能	0:禁能 1:使能	0~1	0	◎
Pd.01	运行频率1	-100.0~100.0%	-100.0~100.0%	0.0%	○
Pd.02	运行频率2	-100.0~100.0%	-100.0~100.0%	0.0%	○
Pd.03	频率2运行时间	0.1~1000.0s	0.1~1000.0s	0.1s	○
Pd.04	脉冲滤波次数	1~10	1~10	1	○
P5.02~P5.11	各端子功能选择	53:扶梯脉冲输入	1~55		◎

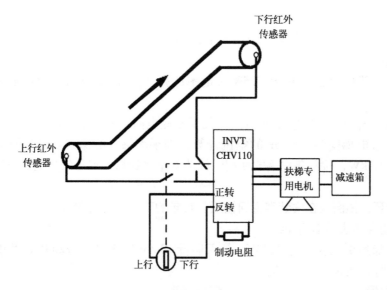

图5.5.3-1　扶梯变频节能安装示意图

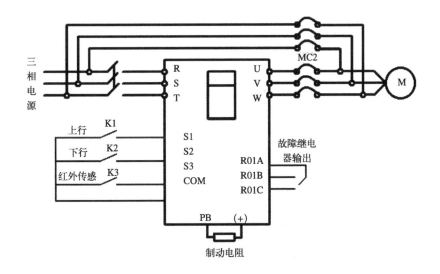

图 5.5.3-2 变频系统电气接线图

调试过程如下：

① Pd.00：设置为1，启动扶梯专用功能；

② Pd.01：运行频率1为电梯平常无人时低速运行的频率设定，频率设定的100%对应最大频率（P0.07）；

③ Pd.02：运行频率2为扶梯有人时高速运行的频率设定，频率设定的100%对应最大频率（P0.07）。一般 Pd.02 设置为50Hz；

④ 从 P5.02～P5.11 端子输入中选择一端子，作为电梯脉冲检测口，当检测到脉冲信号时，电梯就运行频率2进行运行，并在所检测的最后一脉冲信号开始延时，当延时到达频率2运行时间时，电梯又返回运行频率1的频率进行运行；

⑤ 加速时间 P0.11 设置为1～2s，保证客人在登上扶梯之前就加速完成；减速时间设置为5～10s较为合适。

3）节能效果计算

三相负载功率计算公式为：$P = \sqrt{3}UI\cos\phi$，其中 $UI = 380V$，$\cos\phi$ 取 0.85。

若 7.5kW 曳引机额定电流按 18A 计算，扶梯额定速度 0.5m/s 空载运行（此时曳引机驱动的负载仅为梯级）时曳引机电流按额定电流的 30%（取 5.4A）计算。则有：

改造前，标准扶梯以额定速度 0.5m/s（50Hz）空载运行，每小时需消耗约 $\sqrt{3} \times 380 \times 5.4 \times 0.85 \div 100 = 3.02$（kW·h），每天扶梯运行 13h（有人使用 8h，无人使用 5h）的耗电为 $3.02 \times 13 = 39.26$（kW·h）。

改造后，扶梯全部以 0.1m/s 左右（12Hz）慢速运行，则每小时耗电约 $3.02 \times 24\% = 0.72$（kW·h），运行 13 小时的耗电约为 $3.02 \times 8 + 0.72 \times 5 = 27.76$（kW·h）。

可见，改造后扶梯每天节电 $39.26 - 27.76 = 11.5$（kW），节电率为 29.3%，节能效果比较显著。

5.6 太阳能光伏监控系统

5.6.1 概述

5.6.1.1 并网发电硬件组成及原理（图5.6.1-1）

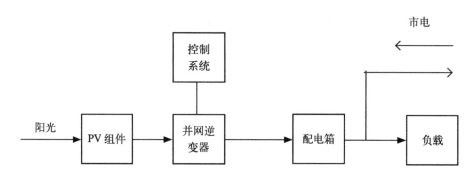

图 5.6.1-1　并网型光伏发电硬件原理

光伏并网系统的硬件由电池组件、控制器、逆变器、配电箱等组成。

光伏方阵由若干太阳能电池板串联和并联构成，其作用是把太阳能直接转换为直流形式的电能，但是光伏方阵输出的I-V外部特性曲线具有很强的非线性，特别是日射强度和太阳能电池本身温度的变化强烈地影响到I-V及I-P特性。并网逆变器采用PWM整流器拓扑结构，具有功率因数可控、网侧电流正弦化、能量双向流动等特点，从而具有优良的控制功能。它的动态响应速度很快，可将光伏方阵产生的直流电量转换成交流，并具有使系统最大限度利用光伏方阵输出功率的作用。逆变器输出的交流电和电网相并联给负载供电，当光伏方阵产生的电量有盈余时向并联的电网发送电量；而光伏方阵产生的电量不足时，则由并联的电网向负载供电。同时系统还增加了数据采集及报警功能，使系统中产生的直流电压及电流、交流电压及电流实时信号、系统累积发电量数据通过RS-485通讯接口传输给上位机显示、储存及打印；并设计声、光报警，当系统出现故障时，实时监视系统会发出声、光报警。

太阳能并网发电系统能够将太阳能转化为电能，且不经过蓄电池储能，直接通过并网逆变器把电能送上电网。白天有日照时，太阳光照射太阳能电池板后产生的直流电，经逆变器转换成交流电后供设备使用。所发电的电力超出负载所能消耗的电力时，剩余的电力将直接上网由电力公司购买。即使是阴天或雨天，根据日照量也可以发电。当所发的电量不能满足负载消耗时，不足的部分可从电力公司购买。夜间不能发电时，用于供负载消耗的电力也将从电力公司购买。

太阳能并网发电代表了太阳能电源的发展方向，是21世纪最具吸引力的能源利用技术。在全球范围内太阳能光伏电池产能显著增长的同时，太阳能光伏并网发电的发展步伐也逐年加快。

我国的城市建筑在更多地采用用户侧并网技术，又称为非逆潮流并网技术。用户侧并网属于并网但不上网，所发电量仅供给系统负载，不对当地市电系统逆向回输，是一种相对安全、稳妥的并网方式。

5.6.1.2 离网型发电硬件组成及原理

离网型太阳能光伏发电顾名思义就是太阳能所发出的电，不并入国家电网，将其存储在蓄电池中，供负载消耗。离网型太阳能光伏发电系统是由光伏组件、控制器、蓄电池等组成。太阳能路灯就是一个最简单的离网型发电系统（图5.6.1-2）。

太阳能路灯系统工作简单原理结构如图5.6.1-3所示，利用光伏特效制成太阳能电池，白天太阳能电池板接收太阳辐射能并转化为电能输出，经过充放电控制器储存在蓄电池中，夜晚当照度逐渐降低到某一值（由系统设定），充放电控制器侦测到这一现象之后，系统切换到夜间工作模式，即蓄电池对灯头放电。当第二天太阳升起，光照度重新回到某一个值时，充放电控制器动作，蓄电池放电结束，继而转入白天工作模式（进行充电）。控制器的主要作用是控制整个系统工作，保护蓄电池。

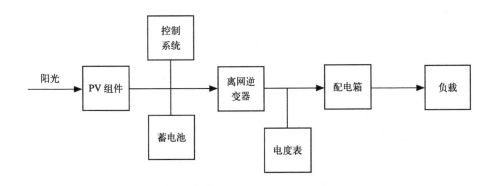

图 5.6.1-2 离网型光伏发电硬件原理图

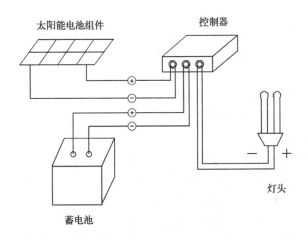

图 5.6.1-3 太阳能路灯简单原理图

5.6.2 太阳能光伏发电监控系统

整个太阳能光伏系统可以分为发电和控制两大部分,监控系统对整个光伏发电系统进行实时数据采集,根据不同的情况,对系统进行不同的控制。

5.6.2.1 光伏发电监控系统的硬件结构

一般来说,监控系统可以分为监控和控制两大部分。监控部分主要是检测温度、风速、光强等,控制部分包括最大功率跟踪点、防孤岛效应等一系列控制单元。监控系统的结构如图 5.6.2-1 所示。

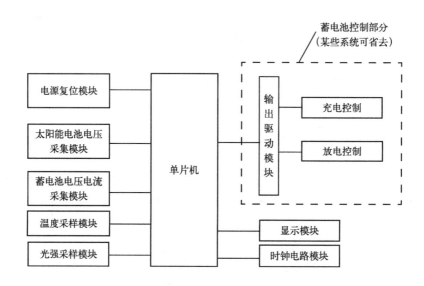

图 5.6.2-1　光伏发电监控系统硬件原理图

5.6.2.2 监控原理

1. 最大功率点跟踪(MPPT)

MPPT 控制器即"最大功率点跟踪"(Maximum Power Point Tracking)太阳能控制器,是传统太阳能充放电控制器的升级换代产品。所谓最大功率点跟踪,即是指控制器能够实时侦测太阳能板的发电电压,并追踪最高电压电流值(VI),使系统达到最高发电效率。

由图 5.6.2-2 可见,当 $R_2 = R_i$ 时,P_{R2} 有最大值对于线性电路来说,当负载电阻等于电源内阻时,电源有最大功率输出。虽然太阳能电池和 DC-DC 变换电路都是强非线性的,然而在极短的时间内,可以认为是线性电路。因此,只要调节 DC-DC 转换电路的等效电阻使它始终等于太阳能电池的内阻,就可以实现太阳能电池的最大输出,也就实现了太阳能电池

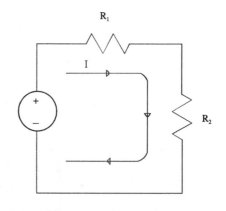

图 5.6.2-2　简单的线性电路图

的 MPPT。从图中可以看出：当 $R_2 = R_i$ 时，R_2 两端的电压是 $V_i/2$。这表明若 R_2 两端的电压等于 $V_i/2$，P_{R2} 同样也是最大值。因此，在实际应用中，可以通过调节负载两端的电压，来实现太阳能电池的 MPPT，其原理如图 5.6.2-3 所示，实直线为负载电阻线；虚曲线为等功率线；I_{SC} 为太阳能电池的短路电流；V_{oc} 为太阳能电池的开路电压；P_{in} 为太阳能电池的最大功率点。

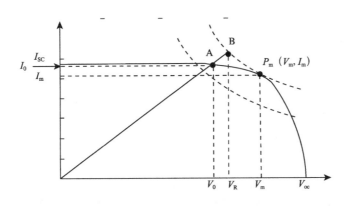

图 5.6.2-3　最大功率跟踪点

将太阳能电池与负载直接相连，太阳能电池的工作点由负载电阻限定，工作在 A 点。从图可以看出，太阳能电池在 A 点的输出功率远远小于在最大功率点的输出功率。通过调节输出电压的方法，将负载电压调节到 V_{R2} 处，使负载上的功率从 A 点移到 B 点。由于 B 点与太阳能电池的最大功率点在同一条等功率线上，因此太阳能电池此时有最大功率输出。

2. 孤岛效应检测技术

当分散的电源，如光伏发电系统从原有的电网中断开后，虽然输出线路已经切断，但逆变器仍在运行。逆变器失去了并网赖以参考的电网系统电压，这种情况称之为孤岛效应。孤岛效应的产生可能会使电网的重新连接变得复杂，且会对电网中的元件产生危害（图 5.6.2-4）。

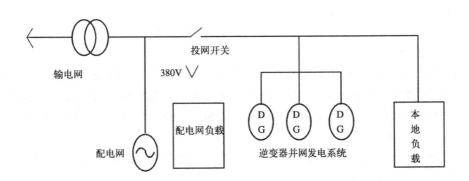

图 5.6.2-4　孤岛拓扑结构

孤岛效应检测技术一般可分成被动式及主动式两类。被动式检测技术一般是利用监测市电状态，如电压、频率作为判断市电是否故障的依据。而主动检测法，则是由电力转换器产生一个干扰信号，观察市电是否受到影响以作为判断依据，因为市电可以看为是一个容量无穷大的电压源。

我国于 2005 年 11 月发布相关国家标准，即光伏系统并网的技术要求，该标准分别从 2006 年 1 月 1 日和 2006 年 2 月 1 日起实施。标准中对孤岛检测提出的要求包括：电网失压时，防孤岛效应保护必须在 2 秒内完成，将光伏系统与电网断开；应至少采用主动与被动孤岛检测方法各一种。

利用功率调节器可以实现孤岛检测和电压自动调整功能，功率调节器连接电网，当出现剩余功率逆潮流的时候，由于系统阻抗高，并网点的电压会升高，甚至超过电网的规定值。为避免这种情况，功率调节器设有两种电压自动调节功能：其一是超前相位无功功率控制，电网提供超前相位电流给功率调节器，抑制电压升高；其二是输出功率控制，当超前相位无功功率控制对电压升高的抑制达到临界值时，系统电压转由输出功率控制，限制功率调节器的输出功率，防止电压升高。

孤岛效应一旦产生将会危及电网输电线路上维修人员的安全；影响配电系统上的保护开关的动作程序，冲击电网保护装置；电力孤岛区域的供电电压与频率将不稳定，影响传输电能质量；当电网供电恢复后会造成相位不同步；单相分布式发电系统会造成系统三相负载欠相供电。因此对于一个并网逆变器来说必须能够进行反孤岛效应检测。

防止孤岛效应（Anti-Islanding）的基本点和关键点是电网断电的检测。通常在配电开关跳脱时，如果太阳能供电系统的供电量和电网负载需求量之间的差异很大，市电网路的电压及频率将会发生很大的变动，此时可以利用系统软硬件所规定的电网电压的过（欠）电压保护设置点及过（欠）频率保护设置点来检测电网断电，从而防止孤岛效应。

孤岛效应的被动检测方法有：

1) 电压、频率检测

光伏并网发电系统并网运行过程中，要保证逆变器输出电压与电网同步，因此需要对电网不断地进行检测，以防止出现过压、欠压、过频等问题的出现。被动式孤岛检测方法只需对电压、频率进行判断，无需增加检测电路。

2) 相位检测

逆变器输出电压相位检测方法原理是：当电压、电网出现故障时，光伏发电系统逆变器能检测出电网故障前后逆变器输出电压和输出电流相位的变化情况，即可判断电网是否出现故障。由于电网中感性负载较普遍，因此该方法优于电压、频率检测方法。

3) 谐波检测

谐波检测方法是指当电网出现故障停止工作时，光伏发电系统输出电流在经过变压后会产生大量的谐波，根据谐波的变化情况便可判断状态。实验研究及实际应用表明：由于目前电网中存在大量的非线性设备，谐波检测变为一个统一的用于孤岛效应检测的方法。

孤岛效应主动检测方法（有源频率法）：

1) 系统通过控制逆变器使其输出电压的频率与电网电压的频率存在一定的误差$\triangle f$（$\triangle f$在并网标准允许范围内）；

2) 当电网正常工作时，由于锁相环电路的矫正作用，逆变器输出电压频率与电网电压频率的误差△ƒ始终在一个较小的范围内；

3）当电网出现故障时，逆变器输出端电压的频率加v将发生变化，在逆变器下一个工频周期内，系统将以加v为基准，然后加上设定的频率误差△ƒ去控制逆变器输出电压的频率，从而导致逆变器输出电压的频率与电网电压的频率误差进一步增加。该过程不断重复，直至逆变器输出电压的频率超出并网标准的规定，从而触发孤岛效应的保护电路动作，切断逆变器与电网的连接。

5.6.3 案例介绍（一）——某企业的10kW用户侧并网太阳能光伏发电系统

上海某企业的10kW用户侧并网太阳能光伏发电系统是一个实验用系统，它除了将一组光伏线接入实验室外，其余电池组所发出的电将并入电网，供负载消耗。其主要设备由太阳能电池组、逆变器、汇流箱、配电箱等组成。

5.6.3.1 主要设备

10kW的屋顶太阳能光伏发电系统主要设备有：60块108W的光伏电池、3个逆变器、1个汇流箱、1个配电箱、光伏线、线缆、光伏支架、线槽等。

5.6.3.2 设计要求

根据要求，将60块太阳能电池板每13块串联，最后剩余8块串联，然后5组并联成一个系统。按照上海的经纬度测算，太阳能电池组件的方位角为0，最佳倾角为34.17℃，且需保证无任何阴影覆盖电池组件。

5.6.3.3 现场施工

对于厂房屋顶，因为是平顶屋，所以只需在屋顶上铺设导轨，主要材料是常规钢材。按照设计图纸，将粗钢经过切割、焊接等工艺，达到要求的尺寸。根据屋顶的面积，将光伏组件分成平行的4行，3行长度大约为11～12m，每行各安装13块，其中最后一行为18m左右，将安装21块组件。

当地面导轨铺设完毕之后，安装电池组件支架。该环节必须严格按照设计尺寸进行施工，否则会造成电池组件不能安装，电池板不够放等一系列问题。所以地面连接件的安装尤为重要。太阳能组件安装架的安装，由于采用拼接式安装，所以不存在技术问题，根据图纸上的尺寸进行安装即可。当组件安装架架设完毕之后，将电池板安装上去，这样整个光伏系统就有了一个初步的架构。

电池组件安装完成之后，再安装桥架。按照设计准备了4根10mm²的电缆线，其中一根直接从汇流箱连接到实验室，另外三根则经过逆变器之后接入配电箱。桥架也是采用相互连接方式进行安装，在每个连接口接上跨接地线（图5.6.3-1、图5.6.3-2）。

桥架架设完毕之后，就是监控仪器的安装。气象监测仪，主要监测风速、温度和辐照度，通过RS232接口接到厂房里的PC机上。逆变器中的监测控制系统，用来对电压等进行实时监控（图5.6.3-3～图5.6.3-5）。

逆变器中的监测控制器主要监测直流电压、直流电流、交流电压、交流电流、频率、总发电量等，并有交流直流过压、欠压保护、孤岛保护等。使用串口通信RS232连接到PC机上，供专业技术人员监测整个逆变器运行情况。另外逆变器的显示屏也会呈现相应数据。此工程项目用了2个5kW和1个1.5kW的逆变器，直流电经过逆变器转换成交流电之后经10mm²电缆线接入配电箱，再通过浪涌保护、断路器等接入市电，供负载消耗。

图 5.6.3-1 光伏阵列

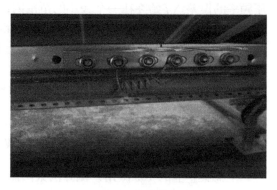
图 5.6.3-2 跨接地线

图 5.6.3-3 气象监测仪

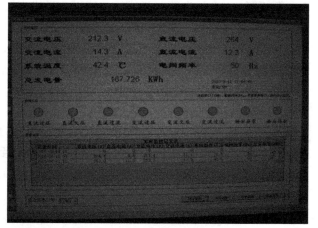
图 5.6.3-4 逆变器监控画面

图 5.6.3-5 接地方式

为了保护光伏系统免受雷电损害，所以防雷保护是必需的。因为此工程屋顶已经具有防雷带，所以只需将光伏组件支架连接到避雷带即可，就形成了防雷保护。另外在工程后期，应做好相应的防水处理。

5.6.3.4 日常维护

太阳能光伏系统的日常运行维护是非常重要的，主要包括，观察电池方阵表面是否清洁、及时清除灰尘和污垢。可用清水冲洗或用干净抹布擦拭，但不能使用化学剂清洗。注意观察所有设备的外观锈蚀、损坏等情况，用手背触碰设备外壳检查有无温度异常，检查外露的导线有无绝缘老化、机械性损坏，箱体内是否有进水等情况。定期检查太阳能电池方阵的金属支架有无腐蚀，并定期进行油漆防腐处理，要保持方阵支架接地良好。检查配电箱、汇流箱的开关，仪表，熔断器等有无损坏等。每年雷雨季节前应检查防雷接地是否完好。

5.6.4 案例介绍（二）——2010 上海世博会中国馆

2010 上海世博会将低碳、节能、环保理念运用其中，在整个园区内大量采用了现代节能技术，所以本次世博会被人称作绿色世博。在各种现代技术中，最引人关注的还是中国国家馆和主题馆的 BIPV 系统（光伏建筑一体化）。

中国馆利用 68m 平台和 60m 观景平台铺设单晶太阳能组件，总装机容量达 302 千瓦。中国馆的 60m 观景平台四周将采用特制的透光型"双玻组件"太阳能电池板，用这种"双玻组件"建成的玻璃幕墙，既具有传统幕墙的功能，又能够将阳光转换成清洁电力，一举两得（图 5.6.4-1）。

主题馆则在屋面铺设了面积约 2 万 6 千平方米的多晶太阳能组件，面积巨大的太阳能电池板让主题馆的装机容量达到了 2825 千瓦，而大菱形平面相间隔的铺设方法也同时保证了屋面的美观（图 5.6.4-2）。

图 5.6.4-1 世博中国国家馆 BIPV 效果图

图 5.6.4-2　世博主题馆 BIPV 效果图

两座场馆共安装了各类太阳能组件 17866 块，总安装面积 28800m²，太阳能总装机容量高达 3127kw。一旦投入使用，两座"绿色电站"年均发电量约 284 万度，每年即可节约标准煤约 1000t，年均减排二氧化碳约 2500t、二氧化硫 84t、氮氧化物 42t、烟尘 762t。

5.7　太阳能光热监控系统

5.7.1　概述

太阳能光热利用有太阳能光热发电、太阳能房、热压通风、太阳能热水系统等。

太阳能光热发电主要有三种形式：槽式、塔式和碟式。它们的共同特点就是收集太阳能热辐射，通过传热工质对冷水进行加热，从而变成水蒸气，推动汽轮机发电，整个系统中存在着一个冷热水的循环过程。

槽式太阳能热发电系统全称为槽式抛物面反射镜太阳能热发电系统，是将多个槽型抛物面聚光集热器经过串并联的排列，加热工质，产生高温蒸汽，驱动汽轮机发电机组发电。

塔式太阳能热发电采用大量定向反射镜（定日镜）将太阳光聚集到一个装在塔顶的中央热交换器（接受器）上，接受器一般可以收集 100MW 级的辐射功率，产生 1100℃ 左右的辐射高温。

碟式太阳能热发电是太阳能热发电技术的一种，其基本原理是将入射的太阳辐射能汇聚起来，并转化为热能，在焦点处产生较高的温度用于发电。由于聚焦方式不同，碟式太阳能热发电的聚焦比可以达到最大，从而运行温度达到 900～1200℃，在太阳能热发电方式中，碟式太阳能热发电可以达到最高的热机效率。系统包括聚光器、跟踪控制系统、集热器、热电转换装置、电力变换装置和交流稳压装置。其中聚光器和跟踪控制系统是碟式太阳能热发电中最重要的组成部分。

基于集热 - 储热墙（也称厚墙或 Trombe-Michel 墙）的间接加热式被动太阳房因其结构简单、运行方便而较易推广。这种在 Trombe 储能墙的基础上改进的太阳房采用小风机送风，代替传统的自然对流，用薄铁板作为吸热板，吸收太阳辐射后热空气很快流入房间。

热压通风利用玻璃通风塔最大限度地吸收太阳的能量,提高塔内空气温度,从而进一步加强烟囱效应,带动各楼层的空气循环,实现自然通风。冬季时可以将顶帽降下以封闭排风口,这样通风塔便成为一个玻璃暖房,有利于节省采暖能耗。

在日常生活中人们最熟悉、最常见的太阳能光热利用形式是太阳能热水器,据相关专家估计如果全国3亿家庭都能用上太阳能热水器,每年可节约3个三峡水电站的发电量。

5.7.2 太阳能热水系统组成

1. 太阳能集热器(图 5.7.2)

太阳能集热器是系统中的集热元件。其功能相当于电热水器中的电热管。与电热水器、燃气热水器不同的是,太阳能集热器利用的是太阳的辐射热量,加热时间只能在有太阳照射的白昼,所以有时需要辅助加热,如锅炉,电加热等。

2. 保温水箱

和电热水器的保温水箱一样,是储存热水的容器。因为太阳能热水器只能白天工作,而人们一般在晚上才使用热水,所以必须通过保温水箱把集热器在白天产出的热水储存起来。

图 5.7.2　太阳能集热器

3. 控制中心

太阳能热水系统与普通太阳能热水器的区别就是控制中心,负责整个系统的监控、运行、调节,可以通过互联网远程控制系统的正常运行。

5.7.3 太阳能热水系统应用形式

目前太阳能热水器主要有三种应用形式:聚光型、真空管型和平板型。

1. 聚光型

聚光型太阳能热水器利用反射光在反射镜面的焦点处将能量聚集太阳能热水器,虽然效率较高,但由于其要求在外观造型上必须为弧面或者球面,因而增加了与建筑结合的难度,所以这也是其未得到广泛应用的原因之一。

2. 真空管型

真空管型太阳能集热器的结构类似热水瓶胆,二层玻璃之间抽成真空,改善了集热器的绝热性能,提高了集热温度。同时,真空管内壁采用选择性涂层,有的集热管背部还加装了反光板,因此具有较高集热效率。真空管型的热损耗率最低、热效率最高,适合于高纬度或寒冷但不缺乏太阳能资源的地区使用。

3. 平板型

平板型太阳能热水器在集热器中利用铜、铝或者铜铝合金等金属制作的热管来吸收太阳能。尽管易于吸收,但热损耗率也较高,热效率要低一些。由于成本和价格较低,因而在低纬度或温度较高地区较受欢迎。

太阳能热水器国外主要以平板型太阳能热水器为主，我国以真空管型太阳能热水器为主，一方面我国拥有真空管型太阳能热水器的自主知识产权，另一方面我国太阳能资源较丰富地区大多集中在西北、华北和整个北方大部分地区，相对来说年平均温度较低，因而对太阳能热水器的热效率要求较高。

5.7.4 太阳能热水监控系统

5.7.4.1 控制系统原理

太阳能热水监控系统是根据温差控制循环水泵 $P1$ 的运行。在集热器出口处（集热器高温点）安装一个温度传感器 $T2$，在储热水箱的底部（储热水箱低温点）安装一个温度传感器 $T1$。控制系统自动比较 $T1$ 和 $T2$ 温差，当 $T2$ 高于 $T1$ 一定值时，例如7℃，循环水泵启动，将集热系统的热量传输到水箱。当 $T1$ 与 $T2$ 的差值小于一定值时，例如3℃，循环水泵停止（图 5.7.4-1、图 5.7.4-2）。

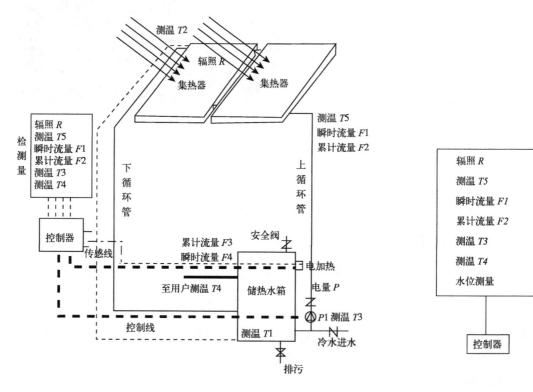

图 5.7.4-1 太阳能热水监控系统工作方式　　图 5.7.4-2 控制器参数

一般的太阳能热水系统会增加一个电加热的辅助电源，当温度达不到系统设计的要求时，就需要电加热，将水加热到一定温度时，然后停止。目前，太阳能辅助加热系统可按照 30～60L/（人·d）的标准进行设计。如果每户太阳能生活热水保证率设计得过高，不仅造成系统成本增加、成本回收期过长，并且全年大部分时间内的热水都用不完，这将造成许多不必要的浪费。

5.7.4.2 控制系统设计

太阳能热水系统中的智能化控制系统包括水位水温控制和冷热水循环控制等，广泛的讲就是测量与控制。它由多个传感器子系统组成测量系统，根据传回来的数据由控制器进行相关控制工作。

监控系统的硬件主要由主控计算机、现场模块、传感器及执行器等部件组成；软件采用工控组态软件，将各种输入信号通过数据总线直接接到计算机输入端口，从而实现数据采集与控制管理保护功能。

1）监控系统组成

①主控计算机：是计算机监控系统的核心，其工作过程完全由预先组态后的软件决定，主控计算机可以通过图形化的界面与用户进行信息交流，如各种参数状态值、警报的信息框、动态变化过程等，大大方便了用户管理。

②现场模块：由现场模块完成数据的采集和控制信号向执行器的发送，再通过通信将信号传送至主控计算机。

③传感器：感测出需要监测控制的各种物理量并将其变为电信号送至计算机；系统将各类参数的状态以电压信号等方式传送至现场模块。

④执行器：即可由计算机直接控制的电加热、电磁阀及水泵等，计算机通过调整执行器来实现具体控制功能系统中的控制器通过现场模块的开关量输出通道与执行器连接，由控制软件将输出通道设置成高电平或低电平，通过驱动电路带动继电器或其他开关组件，也可以驱动指示灯显示状态。

监控系统以实际系统结构图作为运行界面，整个系统结构，监控参数实际所在位置及系统运行情况直观明了，实现现场的可视化监控。系统设计用户密码管理，可避免未授权的操作和查看；系统设计日志功能，可对系统的运行情况进行记录以便查阅；系统设计提供报表功能，可方便用户掌握系统当天的运行情况；另外，应具有远程监控功能，不仅使现场的主控计算机可以全面考虑控制对象的各种参数，对其进行统一的系统性的控制、保护及管理，而且还可通过远程访问用户的主控计算机，对工程进行巡检，查询运行参数和诊断系统故障，随时掌握系统的运行情况。

系统的主要功能包括：水位、水温显示，水位、水温设置，自动上水，自动电加热，自动报警，温差循环、防冻循环，恒温出水、防干烧，用户密码管理，系统日志功能、自动故障诊断功能，自动生成系统运行数据表及曲线，异地远程监控功能等。

2）控制子系统

①蓄热循环系统

蓄热循环系统由板式换热器二次侧、高低温蓄热水箱、循环水泵组成，将集热系统采集的热量交换到高低温水箱中。储水箱的回水通过一级板式换热器与被太阳能加热的热水进行热交换，由循环泵将一级板式换热器的二次热水输送到储水箱中。控制系统利用水箱上的温度传感器来检测水箱的温度，控制通往各个水箱上的电动阀的开关来分别向高低温水箱中蓄热。为了获得一个有效的温度层次，将储水箱分为高温和低温两个水箱。在高低温两个水箱的上中下三个部位分别各设置三个温度传感器来控制蓄热系统的循环、蓄热，并参照水箱水位进行补水控制。

②供热循环系统

供热循环系统由高低区板式换热器、循环水泵、预热罐、热交换罐组成,将水箱热水交换为生活热水,如水温达不到使用要求,在热交换罐中有备用锅炉将水温加热至设计水温。用户侧生活热水供给系统分为高区和低区,高低区用户二级热交换器的一次热水均由高温水箱供给,由循环泵将二级换热器的二次热水输送到预热罐中。为了防止烫伤和水垢脱落,水泵采用 PID 调节变频控制,来控制二级换热器的二次供水温度小于 60℃。当热水罐的出口温度小于一定值(可以由操作人员设定)时,则控制燃气锅炉侧的电动阀打开,启动循环水泵,由燃气锅炉补充热量;当热水罐的温度高于 65℃时,则关闭电动控制阀,停止锅炉补热。

③防冻控制系统

当太阳能采集板周围的环境温度小于 5℃,并且太阳辐射小于 $100W/m^2$ 时,则给出信号启动电加热系统,给屋顶冷却回路伴热,进行防冻。此时系统进入防冻状态。当环境温度大于 10℃,或者太阳辐射传感器测到的平均辐射值大于 $100 W/m^2$ 时,退出防冻保护系统,系统进入正常集热运行状态。

④过热保护控制系统

为了避免太阳能循环系统过热,在系统中设置了冷却器。每个太阳能采集顶板上安装一个冷却器,通过三通阀并入太阳能循环系统中。当太阳能采集板的出口温度超过最大允许温度 112℃时,则系统进入防过热保护状态,启动太阳能采集板循环水泵并开启冷却器。冷却器启动后,如果太阳能采集板出口温度仍然超过最大允许温度 112℃,这时有可能是冷却器出现故障,则关闭电动三通阀和冷却器,停止循环泵,系统所有设备均应停止,并发出报警信号。如果运行一段时间后测得的太阳能采集板的出口温度小于 85℃,则停止冷却器,关闭电动三通阀。

⑤热消毒系统

对于生活热水系统,热水加热温度要求达到 60℃,如果在累计的时间内热水温度不能达到 60℃,必须进行热消毒,以防止细菌的产生。热消毒应该避免对大流量水连续加热,亦应避免在太阳能提供最大产出量之后同时有高温水流出时,进行热消毒。

5.7.4.3 控制系统的施工安装

1. 控制系统安装

1)太阳能热水系统所使用的电器设备设置漏电保护、接地和断电等安全措施,漏电保护动作电流值不得超过 30mA。

2)温度传感器的安装和连线应符合设计要求(位置、电源、与传感器的连接、接地等)。

3)传感器的接线应牢固可靠,接触良好。传感线按设计要求布线,无损伤。接线盒与套管之间的传感器屏蔽线做二次防护处理,两端做防水处理。

4)屏蔽线的屏蔽层导线应与传感器金属接线盒可靠连接,连接时在损伤导线。

5)控制柜内配线整齐,接线正确牢固,回路编号齐全,标识正确。强电、弱电端子隔离布置,端子规格与芯线截面面积匹配。

2. 调试

设备单机或部件调试包括水泵、阀门、电磁阀、电气及自动控制设备、监控显示设备、辅助能源加热设备等调试。调试包括如下内容:

1)检查水泵安装方向。水泵充满水后,点动启动水泵,检查水泵转动方向是否正确。在设计负荷下连续运转 2 小时,水泵应工作正常,无渗漏,无异常振动和声响,电机电流和功率不超过额定值，温度在正常范围内。

2）检查电磁阀安装方向。手动通断电试验时，电磁阀应开启正常，动作灵活，密封严密。

3）温度、温差、水位、光照、时间等显示控制仪表应显示准确、动作准确。

4）电气控制系统达到设计要求的功能，控制动作准确可靠。

5）漏电保护装置动作准确可靠。

6）防冻系统装置、超压保护装置、过热保护装置等工作正常。

7）各种阀门开启灵活，密封严密。

8）辅助加热设备达到设计要求，工作正常。

5.7.5 案例介绍

上海某大型商场在屋顶建设大型集热阵列，采用可再生能源为日常用水提供热水，达到节省能源的目的（图 5.7.5）。

图 5.7.5　上海某大型商场大型太阳能集热阵列

5.7.5.1　系统组成

安装的太阳能热水器主要由集热器、保温水箱、支架、连接管道、控制装置等组成。

5.7.5.2　安装注意事项

1. 太阳能热水器应安置在阳光充足处并以一定角度安装，获取最佳的集热效果，用铁丝或膨胀螺栓或水泥与屋顶连接牢固，支架下应垫硬物。

2. 进出水管连接管件时，不漏水即可，不要大力拧进出水管。

3. 连接上下水管，尽量选用专用复合管或胶联管，以减少热量损失；管道要用保温材料保温，将上下水管固定在支架工建筑物上。

4. 真空管空晒后内部温度可达到 250 度以上，此时进冷水易将真空管击爆，因此应特别注意。注意事项包括：

1）真空管内注满水，全部插入后马上上水；

2）将真空管遮住 3h，待管内温度下降后上水；

3）第一次上水在晚（夜）间（夏天太阳落山 2h 后）。

5.7.5.3 工作原理

当太阳照到集热管时，集热管进行集热，最大限度的实现光热转换，经微循环把热水传送到保温水箱里（冷水在下，热水在上的原理），然后通过专用管道传送给用户。另外通过控制阀把冷水送至太阳能热水器，以达到循环过程。太阳能热水器中有个温度检测装置，通过检测温度判断温度是否达到要求值，如果在阴雨天或雪天，达不到额定温度，安置在水箱里的辅助电加热就会启动，完全自动化运行，并节电90%。

5.8 风力发电监控系统

5.8.1 风力发电机的种类

5.8.1.1 按风力发电机的风轮轴位置分类

1. 水平轴风力发电机（图 5.8.1-1）

图 5.8.1-1 水平轴风力发电机

水平轴风力发电机的风轮围绕一个水平轴旋转，风轮轴与风向平行，风轮上的叶片是径向安置的，与旋转轴相垂直，并与风轮的旋转平面成一角度（称为安装角）。风轮叶片数目为1~4片（大多为2片或3片），它在高速运行时有较高的风能利用系数，但启动时需要较高的风速。

水平轴风力发电机可以是升力装置（即升力驱动风轮），也可以是阻力装置（阻力驱动风轮）。大多数水平轴风力发电机具有对风装置：对于小型风力发电机，一般采用尾舵；而对于大型风力发电机，则利用对风敏感元件。水平轴风力发电机随风轮与塔架相对位置的不同，而有上风向与下风向之分。风轮安装在塔架的前面迎风旋转，叫上风向风力发电机；风轮安装在塔架后面的，叫下风向风力发电机。上风向风力发电机必须有某种调向装置来保持风轮迎风，而下风向风力机则能够自动对准风向，从而免除了调向装置。但下风向风力发电机,由于一部分空气通过塔架后,再吹向风轮,这样,塔架就干扰了流过叶片的气流而形成"塔影效应",使性能有所降低。

2. 垂直轴风力发电机(图 5.8.1-2)

垂直轴风力发电机的风轮围绕一个垂直轴旋转,风轮轴与风向垂直。其优点是可以接受来自任何方向的风,因而当风向改变时,无需对风。由于不需要调向装置,使它的结构设计简化。垂直轴风力机的另一个优点是齿轮箱和发电机可以安装在地面上,十分便于维修。

垂直轴风力发电机可分为两个主要类别,一类是利用空气动力的阻力做功,其典型结构由两个轴线错开的半圆柱形叶片组成,优点是启动转矩较大,缺点是由于围绕着风轮产生不对称气流,从而对它产生侧向推力。对于较大型的风力发电机,因为受偏转与安全极限应力的限制,采用这种结构形式是比较困难的。另一类是利用翼型的升力做功,最典型的是达里厄(Darrieus)型风力发电机。达里厄风力发电机有直叶片和弯叶片等多种形式。

图 5.8.1-2 垂直轴风力发电机

垂直轴风力发电机在风向改变时,无需对风向,相对于水平轴风力发电机是一大优点,这使得结构简化,同时也减少了风轮对风向时的陀螺力。

3. 浓缩风能型风力发电机

浓缩风能型风力发电机是近几年发展起来的新型风力发电机,原理是将特殊的风力机叶轮置入浓缩(增速)装置中,叶轮前设增速流路,叶轮后设扩散管,当自然风经过浓缩装置后,能流密度得到提高。这样就克服了风能能量密度低的弱点,把稀薄的风能浓缩后利用。其特点是更有效地实现风能利用的高效、高可靠性和低成本。当能流密度低、风向和流速不断变化的自然风经过浓缩风能型风力发电机时,自然风的能流密度提高,流速变均匀,即风力发电机叶轮所接受的能量品质得到改善。因此,该机型发电功率大、发电时间长、发电质量好。

5.8.1.2 按风力发电机的功率分类

按风力发电机的功率分类可分为大、中、小型风力发电机。功率在 10 千瓦以下的称为小型风力发电机,功率在 10 千瓦至 100 千瓦的称为中型风力发电机,功率在 100 千瓦以上的称为大型风力发电机。

5.8.2 风力发电机的组成及原理

小型风力发电机组一般由风轮、发电机、调速和调向机构、停车机构、塔架及拉索、控制器、蓄电池、逆变器等组成。

1)风轮。大多用 2~3 个叶片组成,它是把风能转化为机械能的部件。目前风轮叶片的材质主要有两种。一种是玻璃钢材质,另一种是碳纤维材质。

2)发电机。小型风力发电机一般采用的是永磁式交流发电机,由风轮驱动发电机产生的交流电经过整流后变成可以储存在蓄电池中的直流电。

3) 调向机构、调速机构和停车机构。为了从风中获取能量，风轮旋转面应垂直于风向，在小型风机中，这一功能靠风力机的尾翼作为调向机构来实现。同时随着风速的增加，要对风轮的转速有所限制，这是因为一方面过快的转速会对风轮和风力机的其他部件造成损坏，另一方面也需要把发电机的功率输出限定在一定范围内。由于小型风力机的结构比较简单，目前一般采用叶轮侧偏式调速方式，这种调速机构在风速风向变化转大时容易造成风轮和尾翼的摆动，从而引起风力机的振动。因此，在风速较大时，特别是蓄电池已经充满的情况，应人工控制风力机停机。在有的小型风力机中设计有手动刹车机构，另外在实践中可采用侧偏停机方式，即在尾翼上固定一软绳，当需要停机时，拉动尾翼，使风轮侧向于风向，从而达到停车的目的。

4) 塔架。小型风力机的塔架一般由塔管和 3～4 根拉索组成，高度 6～9m，也可根据当地实际情况灵活选取。

5) 蓄电池。蓄电池是发电系统中的一个非常重要的部件，多采用汽车用铅酸电瓶，近年来国内有些厂家也开发出了适用于风能太阳能应用的专用铅酸蓄电池。也有选用镉镍碱性蓄电池的，但价格较贵。

6) 控制器。风力机控制器的功能是控制和显示风力机对蓄电池的充电，以保证蓄电池不至于过充和过放，以保证蓄电池的正常使用和整个系统的可靠工作。目前风力机控制器一般都附带一个耗能负载，它的作用是在蓄电池瓶已充满，外部负荷很小时来吸纳风力机发出的电能。

7) 逆变器。逆变器是把直流电（12V、24V、36V、48V）变成 220V 交流电的装置，因为目前市场上很多家用电器是 220V 供电的，因此这一装置在很多应用场合是必需的。

5.8.3 风力发电机监控系统

5.8.3.1 监控系统的功能及组成

风力发电机监控系统的主要功能有监视功能、绘制曲线、远控功能、数据管理、参数设置、故障报警等。其中，监视功能实时监控可控风电机组的运行状态及运行数据；绘制曲线功能可以绘制风速-功率曲线、风速分布曲线、风速趋势曲线；远控功能可实现对风电机组的远程开机、停机、左/右偏航、复位等功能；数据管理可以对机组运行数据自动存储与维护、自动生成报表、支持数据查询、支持数据导出等功能；参数修改可以远程修改风电机组运行参数；故障报警在风机发生故障时报警，并保存故障数据、显示故障数据等。

一个风力发电现场监控系统主要是包括现场执行层和监控中心层（图 5.8.3）。

5.8.3.2 现场执行层

整个现场执行层主要包括：PC 机、触摸屏、PLC 控制组及监控装置四部分。

PC 机是上位机，PC 机内安装了系统控制软件和采集软件，提供了人机界面，是人与控制系统对话的窗口。PC 机通过网关与 PLC 控制组相连，完成数据的交换与命令的传送。

触摸屏是基于组态软件的人机界面，通过触摸屏和 PC 机都可以实现对整个系统的手动控制。

PLC 控制组，主要包括 I/O 口输入输出模块、A/D 转换模块、通信模块、电源模块和 CPU 模块。PLC 控制组是监控系统的核心。A/D 转换模块（模拟信号转换成数字信号的

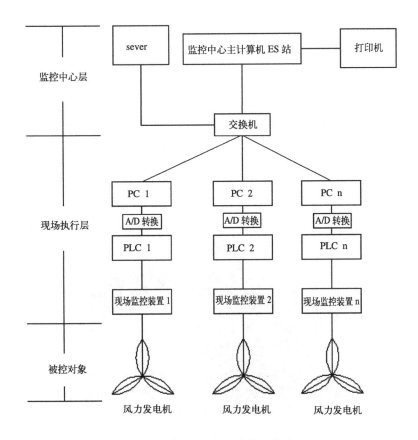

图 5.8.3　风力发电现场监控装置结构图

电路），主要用于对采集到模拟信号转化成计算机可以识别的数字信号。I/O 模块分为输入和输出两个部分，输入部分主要连接各个传感器，实现数据采集部件的功能；输出部分主要是实现操作对象执行命令，控制液压制动器、启停控制等。通信模块主要实现与 PC 机和触摸屏之间的通信。电源模块主要是提供稳压电源，使得各个模块都能正常工作。CPU 模块主要是执行命令、运算、逻辑判断等功能。

现场监控装置是将采集到的数据，在 PC 上显示出来并按格式存储在 PC 内，实现现场监控、数据存储分析、重要参数监测、显示和打印各种数据报表及历史曲线图。

5.8.3.3　监控中心层

监控中心层主要由工程师站（ES）、服务器、交换机和打印机等组成。监控中心服务器实时监控每一个控制器的工作状态，并跟踪其输出和工作参数，作出监控决策。监控决策就是计算机将传送的信号数据与风力发电机组数据库的数据进行比较，监控人员根据比较的结果最终给出风电机组的运行状况分析表。计算机的数据比较过程主要是辨别 3 类过程状态，即正常、预警、异常。若传感器信号小于风力发电机预警值，风力发电机运行正常；若传感器信号在风力发电机预警值和异常值之间，监控人员必须密切关注运行状况，并通过系统与上层实体联系；若传感器信号大于异常值，风力发电机自动停机，等待工作人员的检修。

5.8.4 案例介绍

1. 工作原理

电站的基本工作原理是：在有阳光和风时，太阳能电池方阵、风力发电机（将交流电转化为直流电）将发出的电能存储到蓄电池组中，当用户需要用电时，逆变器将蓄电池组中储存的直流电转变为交流电，通过输电线路送到用户负载处。风光互补电站是太阳电池方阵和风力发电机两种发电设备共同发电。而光伏电站、风力发电站其发电设备仅有太阳能电池方阵或风力发电机（图5.8.4-1）。

图5.8.4-1　应用实例图（一）

2. 系统组成

此小型风光互补系统主要由太阳能电池板、垂直轴式磁悬浮风力发电机、控制器、逆变器以及蓄电池和负载组成。

这里采用300W垂直轴磁悬浮小型风力发电机，相比水平轴具有以下优点（表5.8.4-1）：

垂直轴与水平轴的比较　　　　表5.8.4-1

项目	垂直轴	水平轴
架设高度	低(不畏地形风)	高(需避开地形风)
风况要求	任意方向均可	需稳定风向
乱流	效能不影响	效能大幅降低
发电稳定度	不受风向影响	随风向而变化
噪声	小(30dB以下)	大(45dB以上)
安全性	高	差
安装地点	市，郊皆可	受限于郊区
耐风速	强(达65m/s)	差(<40m/s)
结构强度	强(双加强力臂)	差(叶片易吹断)

太阳能电池采用市场上传统的多晶硅或单晶硅235W电池板，具体技术指标见表5.8.4-2、图5.8.4-2。

235W电池板技术指标　　　　　　　　　　　　　　　　表5.8.4-2

最大输出功率	Wp	235
最大功率偏差		±3%
开路电压（Voc）	V	37.0
短路电流（Isc）	A	8.54
最佳工作电压	V	29.5
最佳工作电流	A	7.97
组件全面积光电转换效率	%	14.4
反向电流能力或组串直流保险规格	A	15
填充因素FF		0.74
开路电压温度系数	%/K	-0.37
短路电流温度系数	%/K	+0.06
功率衰降		
第1年功率衰降	%	≤2
前3年功率衰降	%	≤3.5
前10年功率衰降	%	≤10

控制器是保证电站正常运行的重要设备。控制器要具有较完善的保护功能，如防夜间反充电保护；蓄电池过充电、过放电保护；蓄电池开路保护；负载过电压保护；输出短路保护；太阳能电池接反保护；蓄电池接反保护；雷击保护；温度补偿；振动颠簸保护等。同时还应具有对输入输出电能的测量、显示功能及异常告警功能等。

图5.8.4-2　应用实例图（二）

蓄电池组选用的是高能阀控式密封铅酸蓄电池，高能蓄电池是在阀控电池的基础上发展起的一种改进型电池，它具有放电功率大、充电更迅速、循环寿命长、重量轻、性能可靠、均衡等优点。

另外值得注意的一点是，由于风力发电机与太阳能电池组件所产生的直流电不在一个电压等级上，有必要装上一个调压装置来进行稳压。

3. 风光互补的优势

①应用性强

风光互补克服了环境和负载的限制,应用范围十分广泛。

②绿色清洁、造型美观

对环境不产生污染,无噪声、无辐射,绿色环保,且不会发生触电、火灾等意外事故。

5.9 水/地源热泵监控系统

5.9.1 水/地源热泵工作原理及设备

水/地源热泵是一种利用地下浅层地热资源(也称地能,包括地下水、河流、湖泊、土壤或地表水等)或者是人工再生水源(工业废水、地热尾水等)实现可供热、可制冷的高效、环保、节能的空调系统。

地球表面浅层水源(一般在1000m以内)和土壤源,如地下水、地表的河流、湖泊和海洋以及土壤等,吸收了太阳辐射出的大量能量,并且温度一般都十分稳定。水/地源热泵系统的工作原理是:在夏季,将建筑物中的热量吸"取"出来,释放到水体或土壤中去,由于水源或土壤温度低,所以可以高效地带走热量,以达到为建筑物制冷的目的;在冬季,则是通过热泵机组,从水源或土壤中"提取"热能,送到建筑物中采暖。

水/地源热泵系统具有如下优点:

1. 采用清洁能源技术。水/地源热泵技术利用储存于地表浅层近乎无限的可再生能源,为人们提供空调。同时在利用地下水以及地表水源的过程当中,不会引起区域性的地下水以及地表水污染。水源水经过热泵机组后,只是交换了热量,水质几乎没有发生变化,经回灌至地层或重新排入地表水体后,几乎不会造成对于原有水源的污染。所以水/地源热泵是一种清洁能源方式,是可持续发展的"绿色装置"。

2. 经济有效的节能技术。地球表面、浅层水源及土壤源的温度一年四季相对稳定,以水源来说,一般为10~25℃,冬季比环境空气温度高,热泵循环的蒸发温度提高,能效比也提高;夏季比环境空气温度低,制冷的冷凝温度降低,使得冷却效果好于风冷式和冷却塔式,机组效率高。一般情况下,水源热泵的制冷、制热系数可达3.5~5.5。传统锅炉(电、燃料)供热系统只能将90%以上的电能或70%~90%的燃料内能转化为热量,效率比水源热泵差很多。而传统的空气源热泵的制冷、制热系数通常为2.2~3.0,而且在冬季环境温度过低时,空气源热泵将无法工作。据统计,水源热泵方式的能量利用效率比空气源热泵高出40%以上。

3. 运行稳定、可靠。地球表面、浅层水源及土壤源一年四季温度较恒定,其波动的范围远远小于空气的变动。使得水源热泵机组运行更可靠、稳定,也保证了系统的高效性和经济性,不存在空气源热泵的冬季除霜等难点问题。

4. 环境效益显著。开发推广水/地源热泵技术,可代替中小型燃煤锅炉房。水/地源热泵装置没有燃烧,没有排烟,也没有废弃物,没有任何污染,不会影响城镇的环境质量。

水/地源热泵空调系统主要由三部分组成:室外地能换热系统、水源热泵机组和室内采暖空调末端系统(图5.9.1-1)。

5.9 水/地源热泵监控系统

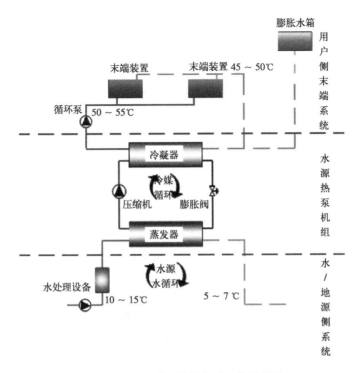

图 5.9.1-1　水/地源热泵工作原理图

1. 冷热源侧系统

冷热源侧系统主要是指从水源热泵机组到取水终端或埋管终端的所有设备及管路系统。对于地下水水源热泵空调系统而言，冷热源侧系统主要指取水井、回灌井以及从水井到水源热泵机组之间的辅助设备和管线；对于地表水水源热泵空调系统而言，冷热源侧部分主要指河流、湖泊较稳定的适合水源热泵使用的水体，以及从水源到水源热泵机组之间的辅助设备和管线；对于埋管式土壤源应用系统而言，冷热源侧系统主要指从土壤源到水源热泵机组之间的管线及辅助换热设备。

2. 水/地源热泵机组

水/地源热泵机组是整个水/地源热泵空调系统的核心部分，其主要部件为压缩机、冷凝器、膨胀阀、蒸发器等。机组通过阀门的切换来实现冬夏季节的工况转换（图 5.9.1-2）。

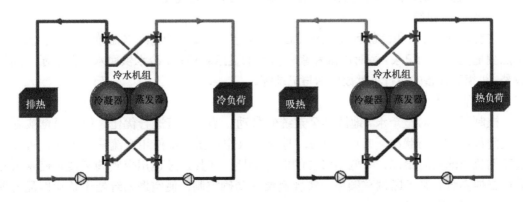

图 5.9.1-2　水/地源热泵机组冬夏季工况转换

3. 用户侧系统

水/地源热泵系统的室内末端分配系统选择相当灵活,可以采用多种方式,如风机盘管、地板采暖、全空气系统等。

室内末端分配系统一般要求既能供热又能供冷,设计时必须二者兼顾。水/地源热泵系统通常采用吊顶上送风和地板四周下送风两种类型的送风系统。

5.9.2 水/地源热泵控制工艺与控制策略

水/地源热泵系统不是单独的设备,经常是在多种设备、多种工况的复杂条件下联合运行,系统的正常、安全、节能运行需要依靠一套成熟稳定的控制系统来进行管理。控制系统的功能主要有以下三类:

1. 水/地源监控

对水/地源热能载体的温度、压力、流量、水质进行检测控制,以确保满足热泵机组的运行要求。包括:通过在水/地源侧进出水总管上设置温度传感器,检测到通过释放或吸收地热后的水管温差;通过总管上的流量计测出冷却水总流量;在一个制冷季和制热季后,根据总管的进出水参数得出地源热泵一年中向土壤吸收和排放的热量,并结合土壤热电偶所测温度,进一步优化调整下一个制冷季时地源热泵的启停动作参数,从而使地埋管周围的土壤温度维持平衡。

2. 运行状态监控

对水泵、阀门、机组的状态、故障、能耗及参数进行监测,实现远程控制。主要包括启停控制、工况控制、压差控制和显示报警等。

1) 启停控制

要把握好整个水/地源热泵系统的启停控制,就必须严格按照常规的水/地源热泵系统连锁启动顺序:冷却水(地埋管)环路——冷冻水环路——热泵机组。还需自动记录各机组和水泵的运行小时数,每次优先启动运行小时数少的机组和水泵。

2) 工况控制和压差控制

根据当地天气情况灵活设定热泵机组的制冷工况和制热工况的时间。当建筑负荷较低时,首先启动一台水/地源热泵机组,当冷负荷增大、且根据冷水供回水管检测参数计算出的实时冷负荷超过热泵机组的额定量时,第二台机组进入运行模式,反之亦然。此外,根据设定压差控制负荷供水流量,以适应末端环路的负荷变化。

3) 显示、报警

主要包括:机组和设备运行状态(启、停)显示,故障报警;各温度、压力、流量监测点测量值显示和记录;瞬时冷量和累积流量的显示和记录;冷水供回水压差显示,高限报警;机组和设备的运行小时数显示与记录等。

3. 节能优化

控制系统可对整个水/地源热泵系统的联动、节能运行进行优化,使其根据实际情况达到最佳的运行状况。其中,在水/地源热泵空调系统中使用变流量水系统,可以实现空调负荷的实时跟踪,降低不必要的能量消耗,并且通过运用变频调速技术使水泵和风机根据系统负荷不断调整频率,实现室温的精确控制,使空调系统处于负荷匹配的理想运行状态(图5.9.2)。

5.9 水/地源热泵监控系统

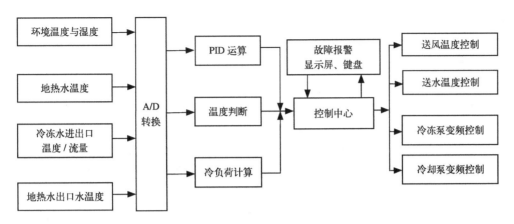

图 5.9.2　水/地源热泵系统结构图

5.9.3　水/地源热泵监控系统

地源热泵监控系统一般采用分布式集散控制方式的三层网络结构：现场层、控制层、监控管理层（图 5.9.3）。

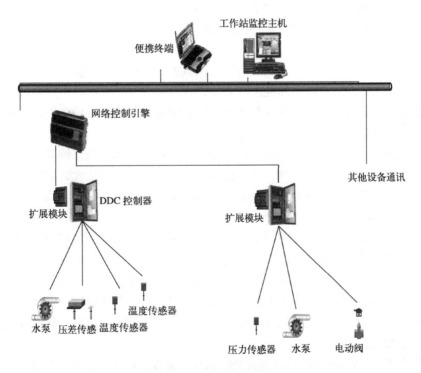

图 5.9.3　水/地源热泵系统结构图

在监控管理层，采用工控机作为上位监控机，与下位机进行接口通信。上位机的作用是对水/地源热泵空调系统进行远程集中操作控制。管理人员可以通过上位机方便地查看空调现场系统运行状况，对水泵、风机等电机设备进行参数设定和实时控制。利用工控机强大的数据存储能力，还可将系统运行的各种历史数据存储在计算机的数据库中。这些数据对空调的运行优化具有指导意义，计算机可以用这些历史数据产生相应的各种参数报表，在配备了显示器和打印机的情况下可供随时查询和打印。

在控制层，一般采用能适应恶劣环境、抗干扰能力强的 DDC 设备作为控制核心，由 DDC 和电器回路组成。DDC 设备通过特定的通信协议与上位工控机通信，将现场采集到的信息传送给上位机，上位机在对这些信息进行分析处理之后发出控制命令传回给 DDC 设备控制器，由 DDC 对现场设备进行直接控制。同时，DDC 设备可以分别对深井水泵、循环水泵和风机等进行启停控制或电机转速设定。电机设备完成启动之后，即使 DDC 设备与上位机发生通信故障，系统依然能够正常运行。

在现场会设置有多种信号传感器及变送器，主要完成现场数据的采集、预处理和变送等工作。利用传感器采集地热水进出口水温、地热水出水压力、热泵出水温度和回水温度、风机送风温度和回水温度、室内外的温湿度等信息，并由变送器将这些温度、压力、湿度等物理量转换成电流或电压信号再传送给 DDC 控制器进行数据处理。

5.9.4 水/地源热泵监控系统设计和实施要点

水/地源热泵监控系统应根据水/地源热泵空调的运行模式进行设计，并遵循以下原则：

1. 控制系统应满足节能要求。考虑到目前水/地源热泵空调系统的设计负荷量与实际负荷需求量之间的较大差异，设计的控制系统应尽量避免空调系统在"小温差大流量"的不利工况下运行。

2. 控制系统应稳定可靠。水/地源热泵空调系统由于存在室外换热部分，为确保其长期稳定运行，设计的控制系统可靠性一定要高。

3. 与其他设备匹配。水/地源热泵空调中的压缩机、加热器等设备均建立在负荷分配基础上，应保证控制系统与它们相互匹配。

4. 智能化程度高。水/地源热泵空调系统的运行环境极为复杂，控制系统应能完成室内外环境温度和湿度、地热水温度、热泵机组出口水温以及流量的实时测量，并在此基础上计算各种负荷及焓值等，智能自动地进行逻辑判断和运行控制，以跟随系统负荷变化，对系统作出最佳工况分配。

控制系统通过安装在现场的各类传感器，检测室内外环境温度和湿度、地热水温度、地热出口水温及流量、冷冻水的进出口温度和流量等参数，并将这些测量到的模拟数据转换为数字信号后送给控制器。控制器通过 PID 或其他控制算法进行运算之后发出相应的控制指令。由控制中心实施对冷冻水泵和冷却水泵的变台数及变频控制，同时具有与空调主机联锁自动控制的功能，可控制调节温度和湿度。系统还可附加键盘、显示电路和故障报警电路等作为优化。

系统通过现场数据采集得到水/地源热能载体的温度、压力、流量等参数，用以保证满足热泵机组的运行要求。其中，在水/地源侧进出水总管上设置温度传感器可检测到释放或吸收地热后的进出水管温差；在一个制冷季和制热季后，根据总管的进出水参数可计算得出地源热泵一年中向土壤或水源吸收和排放的热量。并结合土壤热电偶所测温度，根据这些数据比较从而进一步优化调整下一个制冷季时水/地源热泵的启停动作参数，从而使地埋管周围的土壤温度维持平衡，避免出现全年吸、放热不均导致的土壤和水源热堆积问题（图 5.9.4）。

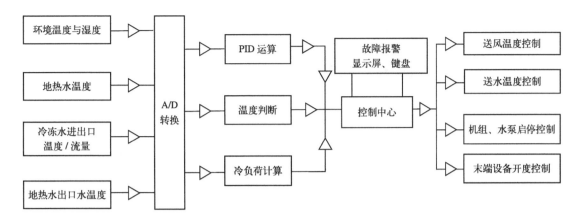

图 5.9.4 水/地源热泵监控系统设计流程图

5.9.5 案例介绍

2010上海世博会"城市最佳实践区"是世博会的创新项目之一，也被视为上海世博会的一大亮点。"城市最佳实践区"采用了目前各种最先进的技术，是高科技、新技术、新能源的示范展示项目区。"城市最佳实践区"世博会时期总建筑面积14.6万平方米，总冷负荷3.2万kW；世博会后总建筑面积35万平方米，总冷负荷4万kW，总热负荷1.4万kW。在"城市最佳实践区"利用黄浦江水实现了江水源热泵（冷水）机组系统，是上海世博会最大的水源热泵项目。

整个实践区内有近40栋单体展馆，所有展馆的空调用冷热水由一个集中的能源中心供应，其中最远处的展馆离能源中心有3km远。该能源中心内共有1台9103kW离心式江水源热泵机组、2台2096kW螺杆式江水源热泵机组、4台7032kW离心式江水源冷水机组、3台江水源溴化锂机组，并由13台二次变频水泵将空调冷热水直接输送到实践区内的各个单体展馆。区域供冷/热、江水源、建筑物的多样性以及会中和会后负荷的差异决定了能源中心能源管理非常复杂，如何保障整个系统高效、节能、安全、自动运行是整个能源管理系统的关键。

由于黄浦江水质较优，基本可满足水源热泵机组循环水的要求，同时考虑到腐蚀，清洗等因素可以解决的条件下直接式系统的效率要优于间接式系统，因此此项目采用江水直接进入机组的方式；另外为防止江水中所含的腐蚀性离子对换热器造成腐蚀，机组换热管统一采用铜镍换热管。制冷及制热的设计参数如下：

制冷：蒸发器侧冷冻水供回水温7/12℃；冷凝器侧江水供回水温32/35℃。

制热：冷凝器侧热水供水温度50℃；蒸发器侧江水供回水温4/7℃。

世博会能源中心控制策略分为夏季供冷模式、冬季供热模式、冷热水输送系统和冷水机组自动清洗系统四种控制策略（图5.9.5-1）。

1. 夏季供冷模式控制策略

在供冷模式下，所有机组都使用江水作为冷却水源。由于江水的温度会受到室外温度变化的影响，机组的冷却水温度也会有所波动。若作为区域供冷项目，供冷系统的总负荷较大，从可靠性原则出发，应先开离心式热泵机组供冷。从节能原则出发，由于离心机组

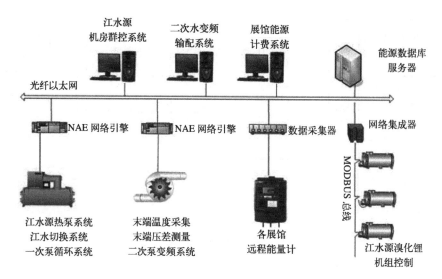

图 5.9.5-1 世博会能源中心自控网络拓扑图

的效率高于螺杆机组，负荷增加时离心式江水源机组应优先加机上载，螺杆式江水源热泵机组最后加机上载。卸载时则优先减机卸载螺杆式江水源热泵机组，接着是离心式江水源机组，最后减机卸载离心式热泵机组。机房控制系统保证冷冻水供水温度6℃。

整个冷冻水系统的负荷变化体现在冷冻水量需求的增加和减少上。当系统负荷增加时，系统用户侧水量需求增加，机房系统旁通管水流方向为部分回水至送水，导致冷冻水供水温度增加，以使得机组供冷负荷增大；当前机组不足以满足负荷需求时，再增加一台机组供冷。当系统负荷减少时，系统用户侧水量需求减少，机房系统旁通管水流方向为供水至回水，导致冷冻水回水温度降低，机组减载；当减少到一定负荷时，减少一台机组供冷。机房控制系统根据冷冻机组本身的运行负荷与建筑负荷之间的关系，来决定机组的加机和减机。

相对于离心机组，螺杆机组的最大优点是不存在喘震问题。因此在极端低负荷情况下（供冷负荷＜2110kW）时，开启螺杆机组单独供冷。

由于采用江水作为冷却水源，机组的冷却水进水温度不会因机组增加或减少而变化。因此冷却水泵采用定频水泵并根据冷水机组的启停相应启停，保持一致。系统设计采用一次泵和二次泵系统，一次冷冻水泵的启停也和冷水机组的启停保持一致。由于供冷和供热模式下输送水流量变化不大，因此采用定频水泵（图5.9.5-2、图5.9.5-3）。

2. 冬季供热模式控制策略

在供热模式下，设计使用1台离心式热泵机组和1台螺杆式热泵机组满足供热要求。两台机组都使用江水作为蒸发器水源。作为区域供冷项目，供冷系统的总负荷较大。从可靠性原则出发，同时考虑节能原则，先开离心式热泵机组供热。负荷增加时螺杆式江水源热泵机组加机上载。卸载时则优先减机卸载螺杆式江水源热泵机组，接着减机卸载离心式热泵机组。机房控制系统保证热水供水温度50℃。

整个热水系统的负荷变化体现在冷冻水量需求的增加和减少上。当系统负荷增加时，系统用户侧水量需求增加，机房系统旁通管水流方向为部分回水至送水，导致热水供水温

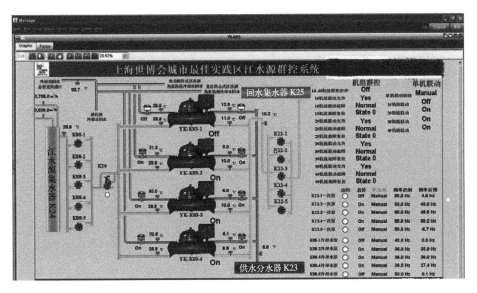

图 5.9.5-2　世博能源中心江水源热泵监控流程图

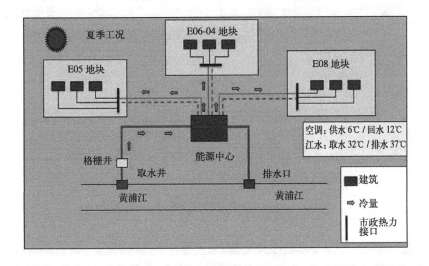

图 5.9.5-3　江水源系统夏季运行工况

度减小，以使得机组供热负荷增大；当前机组不足以满足负荷需求时，再增加一台机组供热。当系统负荷减少时，系统用户侧水量需求减少，机房系统旁通管水流方向为送水至回水，导致热水回水温度升高，机组减载；当减少到一定负荷时，减少一台机组供冷。机房控制系统根据冷冻机组本身的运行负荷与建筑负荷之间的关系，来决定机组的加机和减机。

相对于离心机组，螺杆机组的最大优点是不存在喘震问题。因此在极端低负荷情况下，开启螺杆机组单独供热。

当实际供热负荷超过设计的供热负荷时，开启锅炉作为辅助供热。机房控制系统保证热水供水温度50℃。由于燃气成本较高，因此一旦负荷下降至设计负荷以下，则关闭锅炉供热，以节约能源（图5.9.5-4、图5.9.5-5）。

第 5 章　绿色建筑智能化的特色应用

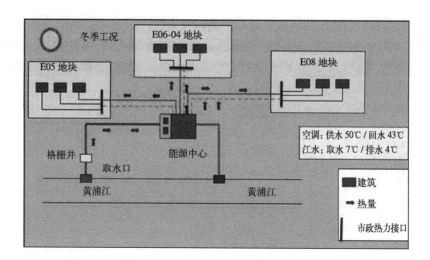

图 5.9.5-4　江水源系统冬季运行工况

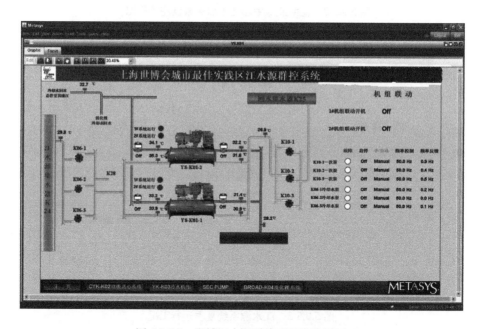

图 5.9.5-5　世博江水源群控系统监控界面

3. 一次/二次冷冻水/热水输送系统控制策略

能源中心冷冻水、热水系统采用一次/二次水系统。从可靠性原则出发，机组的一次水泵为定频水泵，流量维持恒定；用户侧的流量需求变化不影响机组，机组的运行安全性增加。考虑到是区域供冷项目，输送距离较长，水泵的能耗较大，从节能原则出发，负责远距离输送的二次泵采用变频泵。

在系统用户侧安装压力传感器，采集压差变化信号。通过自控系统，采集的压差信号传递至机房控制系统。机房控制系统根据用户侧的压差变化，调节二次泵转速，提供系统需要的水量，达到节能效果。

为更好地监测整个输送水回路的状况，在整个输送水路每隔一段距离放置温度传感器和压力传感器，采集的信号送至机房控制系统。通过这些信号，控制系统判断温升及水力平衡情况，保证系统运行的可靠安全。当监测到低负荷时，控制系统可以适当提高冷冻机组的供水温度，以提高冷水机组效率。

4.冷水机组自动清洗系统控制策略

江水源系统在拥有高效节能、环保减排等一系列优势的同时，由于江水水质低下，污垢在热交换管路中淤积，降低了热交换效率。因此，需要在冷却水进水系统中设置清洗装置，本项目采用的是环保球自动清洗系统。

小球清洗的整套装置自带控制系统。通过接口，机房自控系统和小球清洗系统的控制系统连接，采集相应参数。

在冷却水系统中，环保球通过双循环运转清洗热泵机组的换热管路：球注入循环和球回收循环。在球注入循环中，球注入泵从冷却水供水管中抽水，注入球回收器中，球通过直喷式喷嘴被释放，进入冷凝器进水管。橡胶小球的直径比冷凝器管子的内径稍大一点，在系统压力下，小球被迫通过管子，沉积的污垢也随之被带走清除。在球注入循环结束的同时，球回收循环就会开始，球注入泵停止后，球回收泵会将小球从滤隔器处回收。球滤隔器防止小球流到江水中，小球被收集到回收器中，等待下一次循环。而被球回收泵吸收的冷却水将被释放回冷却水循环管路中。

目前，整个水源热泵系统运行正常，进出水温度和流量均十分稳定。黄浦江夏季水表层温度为26～32℃；冬季在最冷的环境下，水表层温度为6～8℃；这种温度特性使黄浦江水成为水源热泵理想的冷热源。整个监控系统根据实际的水温情况自动调节水阀开度来满足建筑内冷负荷的变化需求，并及时调整制冷主机的开启台数与运行状况。

采用本水源热泵监控系统后，通过能耗软件的模拟计算可得能源中心采用水源热泵系统比传统的空调系统（使用冷却塔）节能26%，其节能量非常可观；同时，由于充分利用了黄浦江水的优良水质与水温，称得上是真正的"绿色、环保"的能源模式（图5.9.5-6、图5.9.5-7）。

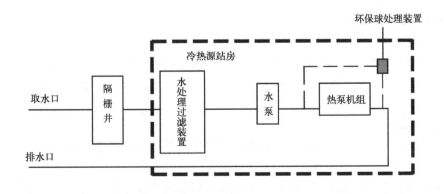

图5.9.5-6 冷却水处理流程示意图

第5章 绿色建筑智能化的特色应用

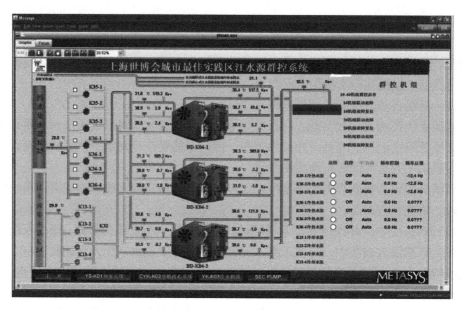

图 5.9.5-7　世博能源中心江水源溴化锂机组监控流程图

5.10 绿色数据中心

5.10.1 绿色数据中心

绿色数据中心是指在数据中心的全生命周期内，能最大限度地节约资源（节能、节地、节水、节材）、保护环境并减少污染并为人们提供可靠、安全、高效、适用的、与自然和谐共生的信息系统使用环境的数据中心。

面对数据中心用电量、制冷能力和空间已日趋达到或接近极限，数据中心对环境的影响日益引起社会关注，从企业运营成本和可持续发展的角度考虑，建立绿色数据中心势在必行，也是企业减少风险、树立良好企业形象的必由之路。

5.10.1.1 传统数据中心的缺点

● 能源成本上升

据 Uptime Institute 调查，目前服务器三年用电和冷却的费用，一般为服务器硬件采购成本的 1.5 倍。随着经济型、功能更加强大的高性能计算机集群需求的增长，电力成本还将不断上升。

● 电力供应不足

由于城市的高速发展，区域电力系统可能无法满足日益增长的扩容需求。

● 冷却能力不够

由于许多数据中心已投运多年，冷却基础设施难以满足当前需求。传统冷却方法可为每机架提供 2～3 kW 制冷量，而目前每机架需要的制冷量却达到了 20～30 kW。单机柜的功率密度比数据中心过去的设计指标提高了许多倍。

● 空间不够

传统数据中心的空间利用率不高，每当新项目或应用上线、需要配置新的服务器或存储系统时，会导致占地面积激增、空间紧张。

5.10.1.2 数据中心能源使用比例分析

传统数据中心的能源使用情况如图5.10.1所示。每种构成分为两部分：

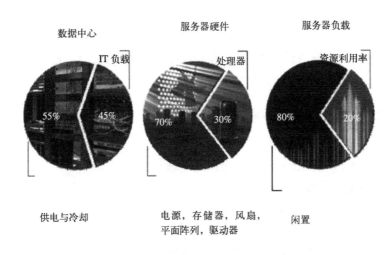

图5.10.1 典型数据中心能源使用组成及比例

- IT设备（服务器、存储和网络）使用45%的能源；支持这种设计的基础设施使用另外55%的能源，如制冷机组、加湿器、计算机房和空调（CRAC）、配电箱（PDU）、不间断电源（UPS）、配电系统等。
- 处理器仅使用30%的能源，而系统其余部分则使用了剩余的70%。
- 服务器的利用率一般仅为20%，而剩余的80%都是闲置的。

由此可以看出，无效使用能耗的降低、高效硬件的使用和IT资源的高使用率对于降低企业运营成本十分重要。

5.10.1.3 绿色数据中心的标准

Uptime Institute白皮书定义了四个确定数据中心相对"绿色"的要素。四个绿色指标是IT系统设计和建筑、IT硬件资产利用、IT硬件效率和机房物理基础设施一般管理费用。

针对绿色数据中心，目前尚没有专用的评估体系，实践中通常采用绿色建筑的评估体系来衡量绿色数据中心。

为了评估数据中心绿色环保水平，经常使用以下两个指标：

- 数据中心基础设施效率（$DCiE$），

$DCiE$ =（IT设备电量/基础设施总电量）×100%；

- 电源使用效率（PUE），PUE = 基础设施总电量/IT设备电量；

IT设备用电量包括所有IT设备以及用于监控或控制数据中心的辅助设备的负荷，前者如服务器、存储和网络设备；后者如键盘、视频、鼠标开关、监视器、工作站或移动计算机。

基础设施用电总量包括IT设备及支持IT设备的系统负荷，如：

- 供电设备，如不间断电源（UPS）、开关柜、发电机、配电箱（PDU）、电池、IT设备外部配电损耗；
- 冷却系统，如制冷机组、计算机房空调（CRAC）、直接膨胀空气调节器（DX）、泵及冷却塔等；
- 计算机、网络及存储；
- 低负载条件下工作时，不间断电源（UPS）设备效率下降；
- 其他杂项器件的负载，如数据中心照明。

例如：$DCiE$ 值为 33%（PUE 等效值为 3.0）表明，IT设备耗用数据中心电量的 33%。因此，支付 100 元能源费，IT设备实际只用了 33 元。

5.10.2 实现绿色数据中心的关键策略

5.10.2.1 绿色数据中心的三个要素

1. 基础设施。机房基础设施方面需考虑的问题包括：
- 如何以及何处使用能源？
- 基础设施是否存在可优化的空间（从 $DCiE$ 或 PUE 来衡量）？
- 是以电量和性能为主，还是仅以性能为主？
- 是投资建立新的数据中心，还是投资升级现有数据中心？
- 数据中心实际现场是否适应变更？
- 所需的可靠性水平是否增加了基础设施能耗？现有备份或备用设备存在多少闲置？是否足够，还是过多？能否撤销部分设备？
- 应选择哪些支持设备（不间断电源、飞轮发电机、发电机、配电柜、制冷机组、CRAC等)？今后的发展趋势如何？基础设施能否满足下一代硬件电力和冷却要求？例如，更多的IT设备今后采用水冷。
- 基础设施是否存在过热问题？是否存在湿度问题？
- 是否可以采用免费制冷？
- 电力、冷却或空间是否影响当前运营？哪些因素影响今后业务发展？未来能否在现有能源范围内增加计算能力？
- 现场基础设施在以下方面是否达到最佳水平？
  * 气流与散热
  * 配电分配
  * 冷却
  * 照明
  * 监控与管理
- 是否需要采用水冷？

2. IT设备

IT设备方面的问题如下，其中包括硬件设计以及机架现有冷却、供电和监控方式：
- 设备是否采用节能硬件？是否采用节电功能？
- 目前是按现场、基础设施还是机架选择供电和冷却方法？
- 硬件是否具备电量、热量、资源利用率监控功能？是否可以监控能耗？

- 用电量如何计费？

3. 利用率

服务器和存储利用率方面的问题如下：
- 基础设施利用率是否达到最佳水平？
- 是否存在不必要的备份设备？
- 是否可以进行合并与虚拟化？
- 如何将离散或孤岛式计算转变为共享模式？
- 是否可以监控资源利用率？当前情况及未来趋势如何？
- 如何对基础设施提供的服务进行计费？

图 5.10.2-1 所示为绿色数据中心演进战略及建议步骤。从图中可以看出，IT 基础设施和人员参与流程的所有措施必须同时加以协调。

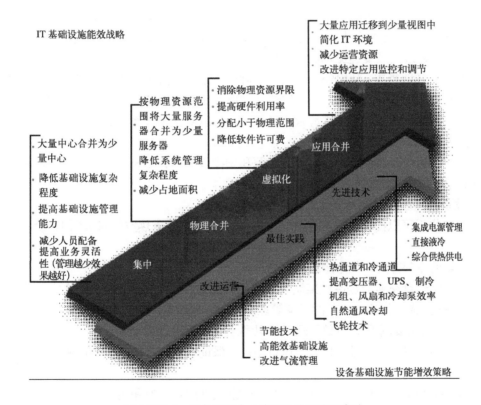

图 5.10.2-1　绿色数据中心演进战略及建议步骤

5.10.2.2　基础设施的绿色技术

为实现环保，数据中心需要采用高能效基础设施和最佳实践措施。机房与设备基础设施可分为以下几部分，这几个部分之间彼此相关：
- 数据中心建筑结构；
- 数据中心绿色能源；
- 数据中心冷却；

- 供暖、通风与空调（HVAC）；
- 不间断电源（UPS）；
- 电源；备用发电机或替代电源。

本节仅讨论数据中心内部的绿色技术。

1. 绿色能源技术

新一代数据中心应充分利用太阳能、风能、水力能、生物能、海洋能和地热能等绿色能源，实现一定程度的资源自给自足，结合各地的自然条件及资源情况，因地制宜地开发绿色能源。如太阳能热水技术、沼气技术、地热发电、地热供暖技术、被动式太阳能利用技术、可再生技术等。

数据中心采用创新技术可以提高单位电耗计算能力。随着技术的演进和创新，IT设备能效不断提高，采用新型设备更换原有设备能够显著降低数据中心的总电耗和制冷要求，节省宝贵的地面空间，通常会带来较好的投资回报率。

例如：刀片服务器的耗电量和制冷要求比传统机架式服务器降低了25%~40%；最新型UPS系统的耗电量比现有UPS系统低70%；新型制冷机组的系统效率提高了50%；新型制冷机组可以通过安装变速驱动器，降低泵水系统的能耗，并且便于这种水冷系统与冷媒水基础设施更好地集成；利用外部空气直接对冷媒水进行降温的水侧节能装置，可进一步降低冷却数据中心使用的能耗；利用储热系统保存制冷机组通常夜间高效工作时产生的能量，然后在能源成本较高的白天释放这种能量，可以降低水冷系统的运行成本。

2. 数据中心冷却

编制减少数据中心产生的热量、提高电源和制冷效率的计划时，应考虑以下因素。

▶ 改进机架和机房布局

- IT设备按热通道和冷通道配置排列。
- 设备应位于可以控制冷、热通道之间气流的位置，避免热空气回流到IT设备的冷风进气口。
- 采用辅助冷却方式，如水冷或冷媒热交换器。
- 采用后门热量交换器提高机架制冷效率；或采用封闭式机架系统驱散高密度计算机系统产生的热量；或采用相对简单的气流管理。例如：
  * 清除地板下面的障碍，有效管理线缆以利于空气流通。
  * 通过增加或减少设备进气口的出风口盖板，保证地板孔与设备热负荷相匹配。
  * 考虑增加回风管。
- 将数据中心组成热区，避免热点。将一组固定的IT设备和地面空间分配给指定的HVAC或CRAC设备，可以消除机房中对制冷系统形成压力的热区（热点）。

▶ 管理气流

应避免冷、热空气相混。为提高气流效率，冷空气穿过高架地板下面进入负载区域的通道必须通畅；高架地板上面，应有热空气返回CRAC设备的通道。

- 采用冷热通道
  * 采用冷、热通道配置便于更好地管理高架地板气流，包括热空气和冷空气。这种配置有助于冷、热气流在各自独立的通道中流动，减少空气混合，提高效率。
  * 必要时可以隔离冷热通道，以提高效率。

- 增加或减少出风口盖板
* 减少热通道和开孔区域的出风口盖板。
* 增加高热负荷区的通风口盖板。
* 调节通风口盖板下面的挡板，使少量空气进入低热区，高热区处挡板全部打开。
* 开口未用的盖板用整块盖板更换。
- 改善机架气流
* 可能的情况下，避免冷、热空气相混。空置机架安装隔板。
* 机架间留大间距，使冷空气避开服务器产生的热负荷，并使冷空气流回 CRAC 设备。空气应以最小的阻力穿过通道。这样可以使机架中的热空气再次穿过服务器被带走。
* BladeCenter（刀片中心）机箱后部未使用的模块托架安装相应的隔板、填充物。
- 密封线缆口和透孔

高架地板开口会影响气流分布，降低地板下面的静气压。用填充物、泡沫、枕垫封堵开口。这样可以使更多的空气进入需要的位置。

- 清除地板下的障碍

地板下障碍过多会导致静压上升。高静压对高架地板上、下的气流产生负面影响。清除地板下面的障碍物，如：

* 不使用的线缆和布线。
* 不使用的地板下设备和通信盒。

▶ 高架地板

目前，高架地板建议高度至少支持 600 mm（24 in）无障碍空间，为冷空气提供通畅的流动通道。有些新的高架地板为 900 mm（36 in）高，以便增加空气量，满足极为严格的冷却要求。

对于低高架地板，如 300 mm（12 in），设备不得靠近 CRAC 系统，否则会造成出风口盖板出现低气流或逆流。

▶ 数据中心密封
- 隔离数据中心墙壁与顶棚；
- 密封数据中心四周的透孔；
- 使用双层玻璃窗；
- 安装门口密封条。

▶ 制冷设备定位

传统 IT 设备冷却设计将多个 CRAC 系统放在数据中心四周，CRAC 设备提供的冷空气从设备到服务器机架要经过一段距离，然后再返回 CRAC 设备。

为解决数据中心高密度机架产生的热点问题，在靠近出现问题的位置，放置热交换器进行局部液冷。这样可以提高其余 CRAC 系统的效率，保证数据中内部的冷却能力。

为发挥局部冷却的优势，数据中心需要配备冷媒水。目前，为机架开发出如下几种可行方案：

- 前部或后部安装鳍管热交换器。
- 机架底部或侧面安装内部鳍管热交换器。
- 高架鳍管热交换器。

- 服务器内部制冷。
- 后门热量交换器。

3. 供暖通风与空调（HVAC）

▶ 免费制冷

节能装置分为空气侧和水侧两种。

空气侧节能装置可用作免费制冷系统。不过，根据所处位置，这些装置在有持续鲜冷气源的条件下效果最好。通过夜间对这些装置进行调整可以保持一致性。外部空气节能装置可直接抽取外部空气供数据中心使用。

水侧节能装置采用户外冷空气生成冷凝水，可用于部分或全部满足设备冷却的要求。当外部气温足够低时，水侧节能装置可部分或完全取代制冷机组。这样可以延长每天免费制冷的时间。

▶ 温度设定

数据中心温度设定点只要上调 1 度，就可以降低 CRAC 负荷，更多地采用免费制冷，可显著降低能源成本。

建立能源监测与管理系统，可监控、管理各系统用电量和热量，正确评估数据中心高温和低温设定点，并可以提供趋势分析，有助于控制能耗，提高能源利用率。

4. 电源、备用发电机或替代电源

现场电源功率因数校正（PFC）可以重新获得部分损失的电量。通过 PFC，供电 1 kW，设备使用的电量可以达到 0.95 kW。对于使用 2500 kW 到 3000 kW 的现场，回报期为 3～4 年。

智能电源分配单元（IPDU）连接能源管理系统，通过收集用电量信息，显示服务器能耗的整体视图。先进的能源管理系统，可以实现对连接的服务器进行功率封顶，显著节省费用。

▶ 飞轮发电技术

随着新的飞轮发电技术的出现，过去的 UPS 电池有被新的飞轮发电机取代的趋势。受电池质量和充电次数的影响，某些情况下，电池的使用寿命最多为 10 年。而与电池相比，飞轮发电机可以在更高的温度下工作，效率高，占地面积比电池小，不必进行交流到直流，再到交流的转换，但是它支持的时间却有限，也不能调节电源。飞轮发电机的优点是效率高、尺寸小。缺点是支持时间有限，不能调节电源（图 5.10.2-2）。

图 5.10.2-2 飞轮发电机剖面图

▶ 备用发电机

电源保障是实现高可用性数据中心的关键，而备用发电机是高可用性数据中心现场基础设施的关键部件。UPS 系统可以为数据中心供电几分钟，甚至几个小时，但是没有备用发电机，为数据中心制冷的 HVAC 系统无法工作，从而有可能造成数据中心温度过高。

目前，与老式发电机相比，备用发电机在设计上显著提高了燃油效率，减少了对大气的 CO_2 排放，更加环保。同时，加快了启动和送电速度（低于 30s）支持使用飞轮和燃料电池技术的备用发电机可以取代 UPS 电池。

备用发电机一般采用柴油或天然气为燃料。这些设备的使用寿命为 15 到 20 年。电力供应非常好的地区，这些设备很长时间不工作，因此保养和检测是十分重要的。

确定这些设备的规格时，一定要考虑含数据中心在内的全部基础设施，包括制冷机组、冷却泵、CRAC、UPS、AHU 及其他现场基础设施。

除此之外，现场发电还在不断发展的新技术有：燃料电池、核能、风能和太阳能等。

为防止计算机芯片损坏，芯片及整个系统必须进行散热。

5.10.2.3 IT 系统的绿色技术

1. 水冷技术

水是目前最常用的冷却液体。一升水吸收的热量约比同样体积的空气高 4000 倍。在规划新的数据中心或改造现有中心时，应考虑新 IT 设备需要采用水冷提高散热效率的因素。

例如：目前已开发出在芯片背部直接水冷的解决方案。其基本原理是让水流穿过芯片背部的细微通道。热能被水吸收后，可以达到有效散热的目的。

2. 提高数据中心资源利用率的绿色技术

选择高效设备，采用更高效的系统可以提升数据中心资源利用率。典型的有合并和虚拟化技术。

1) 合并：提高能效的关键

合并的概念如图 5.10.2-3 所示。假定我们有四个系统，每个系统运行两个应用程序（APP）。同时，每个设备耗电量为 2kW，总计 8kW。而就小型 X86 服务器的情况看，利用率往往仅为 10%。

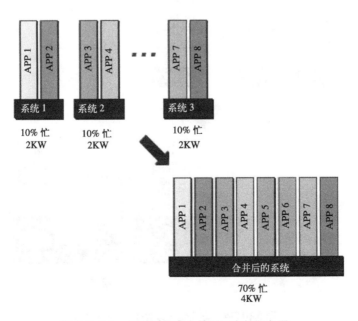

图 5.10.2-3 将应用程序合并到更高效服务器

如果我们将这八个应用程序合并到一个更强大的服务器上运行，利用率可达 70%，用电量为 4 kW，这种单一服务器的工作能效更高。此外，如果我们采用一种电源管理技术关闭前面的四个系统，也可实现系统总能耗为 4kW，利用率为 70% 的效果。

随着电量下降，热负荷及基础设施其他插件的功耗也同步下降。正是由于这种双重下降，使系统合并得以成为实现绿色数据中心的巨大杠杆。

2）虚拟化

虚拟化是一种系统抽象化的概念。这种技术可以显著减少数据中心所需的 IT 设备。虚拟化消除了服务器、存储或网络设备对应用程序的物理局限。每种应用程序配置专用服务器效率低下，造成利用率下降。虚拟化可使应用"拼车"使用服务器。这种物理意义上的车（服务器）是固定的，但乘员（应用程序）可以改变，而且变化多样（尺寸和类型），资源自由增减。

虚拟化一词广泛使用并有以下多种定义：
- 可以生成 CPU、存储器和 I/O 功能组成的计算机系统逻辑实例；
- 可以是其他虚拟组件的组合；
- 可组成虚拟 CPU 或虚拟存储器和磁盘；
- 可以是虚拟计算机与外部环境之间的虚拟网络。

虚拟化的其他优点有：
- 虚拟系统支持网络虚拟化，利用虚拟化系统功能进行通信，能以极快的速度传送内存数据，提高了性能和能效；同时，减少了现场和设备资源的需求。
- 虚拟系统可以彼此实现磁盘共享。从能效角度看，通过虚拟化存储，虚拟化系统可将理想的磁盘容量提供给其他虚拟系统（图 5.10.2-4）。

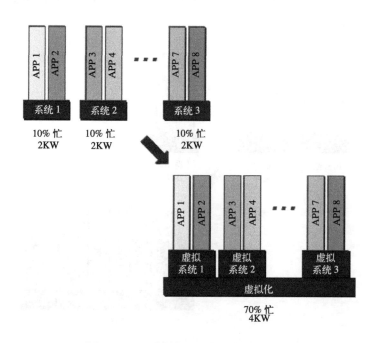

图 5.10.2-4　虚拟化可以按原样合并系统

5.10.3 绿色数据中心的运行与能耗管理

5.10.3.1 计算机系统用电数据收集

新的信息化系统都应该内置测量电耗的测量功能和热敏传感器,显示当前用电值,以便根据系统整体状态采取措施。

智能电源分配单元（IPDUs）用于未嵌入或无可管理板载测量仪的系统。IPDU 含有通用传感器,可提供连接设备的电耗信息及环境信息,如温度和湿度。IPDU 的串口和 LAN 接口可供 Web 浏览器、任何基于 SNMP 的网管系统、Telnet 或串行线连接的控制台进行远程监控和管理。事件通过 SNMP 陷阱或电子邮件发送通知,并可通过电子邮件发送日记录报告。能源管理器也可以管理 IPDU（图 5.10.3）。

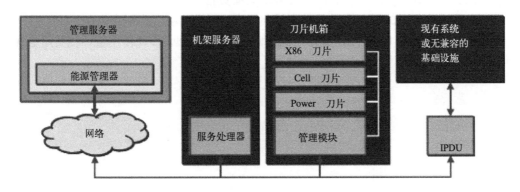

图 5.10.3 系统基础设施与能源管理系统的结构图

5.10.3.2 电源管理

1. 硬件端

一般先进的处理器系统都应具备能效管理技术,以提供多种电源管理功能:

- 用电量趋势:供计算机收集并在内部保存用电量数据。数据可通过能源管理器显示。
- 节电模式:按预定比例降低处理器电压和频率。节电模式在保证正常安全运行的同时,有助于降低峰值能耗。例如,夜间 CPU 利用率很低时,处理器可以采用节电模式（Power Saver Mode 模式）。
- 功率封顶:强制执行用电量标定极限。这个功能适于通用电源极限条件下使用,如适用于一组系统的最大供电量。不过,这个功能不能作为节电功能使用,如节电模式,因为这样会严重影响性能。
- 处理器内核休眠:采用处理器低功率模式（称为 Nap）,可通过关闭内核时钟减少电耗。根据操作系统的信号,管理程序控制进入或退出 Nap 模式。
- EnergyScale for I/O:这一功能可使自动关闭 PCI 插拔适配器插槽的电源。如果插槽是空的,插槽电源自动关闭,不再为其分配分区,或关闭已分配分区的电源。

2. 软件端

智能的能源管理平台提供了通用系统管理环境。

- 测量和显示被管理系统当前电量和温度数据。

- 提供选定期间内的趋势数据。
- 在固件支持的情况下，设置系统功率封顶，并管理处理器的节电模式。

建立电源管理基础设施后，可以采取其他步骤，例如，确定数据中心的热点位置；将应用软件配置到冷服务器上，避免热点；如果电力供应商实行负荷费率或白天和夜间费率，可以根据基准优化配置，降低能耗。

5.10.3.3 集成能源和系统管理

对于整个系统管理环境，电源管理只是其中的一个方面。集成能源和系统管理系统可用于监控操作系统、数据库、服务器，直至通过灵活定制的门户监控分布式环境。

优化能效的方式包括：

- 根据机器的环境温度重新分配服务器，或将整个机架的总能耗重新分配给数据中心温度较低的另一机架。当温度告警时，可重新配置功能。
- 对存在温度问题的服务器进行功率封顶，直到现场问题得到解决为止。
- 将电量、温度和 CPU 用量数据传送到监控系统。根据 CPU 使用量和相关用电量向 IT 用户收费。

第6章 绿色建筑智能化展望

6.1 绿色建筑发展前景

21世纪人类共同的主题是可持续发展,对于城市建筑来说亦必须由传统高消耗型发展模式转向高效绿色型发展模式,绿色建筑智能化正是实施这一转变的必由之路,是当今世界建筑发展的必然趋势。

智能建筑是建筑艺术与现代控制技术、通信技术和计算机技术有机结合的产物,是人类发展的必然趋势。智能建筑是以建筑为基础平台,利用数据采集及控制系统以及系统集成技术控制优化各种机电设备运行,利用计算机及网络技术搭建信息交互平台,实现办公及信息自动化,集结构、系统、服务、管理于一体并使其实现其相互之间的最优化组合,为人们提供一个安全、高效、舒适、便利的建筑环境。

中国目前正处于各类建筑高速发展的时期,提倡和发展绿色智能建筑对我国能源的节约及自然环境的优化是非常重要的。而发展绿色智能建筑的根本目的在于:1.使用户的工作和日常生活更加安全高效;2.使建筑更加易于运营管理;3.采用技术手段优化和保证设备运行,从而达到节能降耗的目的。所以,大力发展智能建筑是符合"绿色建筑"这一概念的,也是其必不可少的组成部分。

6.1.1 绿色建筑智能化是发展绿色建筑的必然要求

1. 建筑智能化有利于控制建筑自身的运营成本

建筑自身的高度智能化是控制建筑自身运营成本的技术保障。绿色建筑的内涵要求建筑行业不仅重视量的增长,而且要想方设法改善建筑的质量。绿色建筑要求建筑在其全寿命周期中实现高效率的资源利用(能源、土地、水资源、材料等),要做到节约资源、减少废物、降低消耗、提高效率、增加效益。而智能化技术的运用可以减少建筑自身的运营开销,所以建筑智能化是发展绿色建筑的必然要求。

2. 建筑智能化有利于减少建筑自身对环境的污染

发展绿色建筑的主要目标是减少资源消耗和保护环境减少污染。绿色建筑不是独善其身的建筑,而是通过大量智能化技术在建筑内部及外部的使用,达到以下的目标:能够有效地保护整个自然生态环境系统的完整性及生物多样化;保护自然资源,积极利用可再生资源,使人的发展保持在地球的承载力之内;积极预防和控制环境破坏和污染,治理和恢复已遭破坏和污染的环境。

因此,智能化技术的使用符合了绿色建筑对环境可持续发展的要求。

3. 建筑智能化有利于建筑服务对象的可持续发展

建筑服务的对象是人,智能化技术的运用可以为人们提供现实的物质工具。城市绿色建筑一方面要创造有益于人类健康的工作环境,另一方面提高建筑物的可居住性、安全性和实用性。所以发展绿色建筑必然要求智能化技术伴随其左右,以符合人们的日常使用需求。

6.1.2 绿色建筑智能化发展中存在的问题

1. 法律法规体系不健全

长期以来，国家对能源的管理偏重工业和交通节能。智能建筑和绿色建筑的发展刚刚起步，国家出台的一些政策法规由于缺乏积极引导及有效的激励政策，实际贯彻程度较弱；而住房和城乡建设部颁发的《民用建筑节能管理规定》，仅仅是一个部门的规章，政策力度不够；这些已成为我国全面建设资源节约型社会的一个薄弱环节。

2. 缺乏有效的经济激励政策

目前城市智能建筑的地方性配套法规的制定是相对滞后的，且多数法规只有强制性的法规要求，没有激励性的经济政策。由于建筑智能化的效益首先体现在国家和社会的层面，作为强制性的法规要求本身，国家应该有配套经济激励政策对建设的行为进行激励，才可能促使开发者主动实现更高的要求。

3. 规章及标准缺乏操作性

在市场经济条件下，与市场的结合度实际成为衡量规章、标准可操作性水平的重要指标。我国绿色建筑相关标准之所以有所欠缺，一方面在于我们推行绿色建筑的时间并不长，缺乏相关的经验；另一方面在于我们的标准制定过程，仍然是一个政府主导、科研院所专家为主体的过程，缺乏多层次专家的参与。实际上，缺少建造师的参与就无法提高标准的实用性；没有开发商的意见，市场的要求就很难得到准确把握；缺失消费者、产品供应商等的声音同样会使标准缺乏实际可操作性。

4. 缺乏严密的行政监管体系

不少地方对智能建筑和绿色建筑工作相关的行政管理职能尚不明确，尚未将其列入政府承担公共管理职能的组成部分。各级政府在"三定"方案中均没有相关的职能和编制，管理薄弱；个别地方甚至放任自流，导致政府管理缺位。实践表明，必须把绿色建筑智能化工作列入各级政府的工作目标，利用法律、行政、经济等多种手段进行强有力的引导和干预。

5. 缺乏绿色建筑智能化的意识和知识

我国很多地方尚未将智能建筑与发展绿色建筑工作放到贯彻科学发展观、全面建设小康社会、实现可持续发展、构建和谐社会的战略高度来认识。由于从地方政府部门到开发商、投资商和大多数设计、施工、监理、物业管理人员以及广大使用者均缺乏绿色建筑智能化的基本意识和知识，因而难以保证绿色建筑智能化在建设过程的各个环节中被落实。

6. 缺乏统一的智能技术推广和交流机制

在西方发达国家，绿色智能建筑已经有几十年的成功发展史；有的国家早已享受到高技术智能化建筑的成果，相比之下，我国无论是从技术发明还是政策制定上都存在着很大的差距。长期以来，只是在少数高校或科研院所进行着零散的交流和吸收工作，一直缺乏吸收和推广国外新技术、新产品和新设计理念的平台，这样使得我国利用外国先进技术的历程大大放缓。

7. 城市能源结构不合理，资源浪费现象严重

目前我国能源还是以煤炭为主，城市能源结构不合理，天然气等优质能源和太阳能、

地热、风能等洁净可再生能源在建筑中的利用率还相当低。我国单位建筑面积能耗是发达国家的三至四倍，对社会造成了沉重的能源负担和严重的环境污染，已成为制约我国可持续发展的突出问题。同时建设中还存在土地资源利用率低下、水污染严重、建筑耗材高等问题。

6.1.3 我国绿色建筑可持续发展的对策

1. 制定相关政策法规

发展绿色智能建筑需要政策支持和法律保障，从世界各个发达国家的绿色智能建筑发展过程来看，毫无例外地首先是建立强有力的法律保障体系，从国家法律最高层面将智能化对绿色建筑的重要性凸显出来。因此尽快建立专门的立法委员会推进绿色建筑立法工作，组织相关建筑、法律和经济专家进行立法咨询，对相关具体的单项法律提供司法解释。各地方人大和行政部门都应按照国家相关立法要求结合本地区特点和实际情况，尽快出台有关智能化技术在绿色建筑中使用的地方性法律法规，全面推动我国的绿色建筑智能化的法制化进程。

2. 建立和完善管理机制与激励政策

当前的绿色与智能化技术虽能产生巨大的社会经济效益，但民众对此的需求并不强烈，开发商与设计施工单位对绿色与智能化产品的使用缺乏内在动力。因此，政府部门应承担起外部的治理职能，通过激励政策来鼓励个人或团体关注智能化技术，支持绿色建筑智能化的发展。政府职能部门应该研究确定发展绿色智能建筑的战略目标、发展规划、技术经济政策；制定国家推进实施的鼓励和扶持策略；制定市场机制和国家特殊的财政鼓励政策相结合的推广政策；综合运用财政、税收、投资、信贷、价格、收费、土地等经济手段，逐步构建推进绿色建筑智能化的产业结构。

为了推动绿色建筑智能化的发展，需要对绿色智能建筑的市场准入、实施监管及宏观调控等职能进行整合、重组、建立统一的管理部门，避免"各自为政"、"条块分割"、协调管理难度大的问题。

3. 做好宣传，倡导绿色智能化理念

推广绿色智能建筑首先要倡导绿色智能化理念，向全社会普及绿色智能建筑的概念，提高公众的环保节能意识。一是政府可以运用展览会、交流会、研讨会等形式在全国各地进行绿色智能建筑的普及和交流活动；二是利用网络、电视、报刊、杂志等媒体，开展形式多样、内容丰富的节能与绿色智能建筑宣传，使得绿色建筑智能化意识贯穿在人们的经济生产活动中，为建立节约型社会提供坚实的思想基础。

4. 转变智能化技术发展策略

我国绿色智能建筑发展的思维方式需要发生根本性转变，从"以人为本"转向"以自然为本"。其实两者并不矛盾，保证自然的生态利益才能保证人类生存的根本利益，因此，更多的技术应用将会把自然利益置于第一位。技术思维方式的转变也表现在能源利用理念上，传统的节约思想将向可再生思想发展，从节流转向开源，只有开发新的替代性能源和可再生能源才能解决根本问题。技术思维应从注重建筑经济效益转向注重建筑生态效益发展，经济效益方向只是短期利润，而长久的生态共赢才是其真正的目标。

5. 利用现有技术，创新智能化技术

网络技术、新能源、再生能源技术和新材料处理技术等现代工业技术为绿色智能建筑的建设提供了必要的硬件支持。目前，国内用于建筑节能的技术概括起来主要有三种：一是降低能源消耗为主的建筑节能技术；二是资源再利用为主的建筑节能技术；三是利用新能源为主的建筑节能技术。其中发展新型能源和现代建筑材料处理技术是主流方向。

找到建筑材料的替代品，是一种釜底抽薪的做法。日本在20世纪90年代便开始将生活垃圾中的可回收利用垃圾经过高新技术处理，发明了许多项新型建筑材料，替代了以往纯粹的钢筋水泥，真正做到低能耗、高环保、高质量。

集中精力研究新型材料和新能源开发，加快科学技术的产业化速度，建立"产学研"结合机制。在积极鼓励企业自身建立研发机构和自主创新的同时，鼓励企业将技术难题和科学攻关成果转化等工作与高等院校和科研单位合作，形成科研部门研发、企业转化的良性循环的技术创新模式。

6. 改造既有建筑，实现节能降耗

我国建筑能耗还有很大的下降空间，降低建筑行业能耗将是整个节能减排计划中的重要环节。政府对于新建建筑节能给予了强有力的支持，采取一系列政策和强制性法规来限制，并且卓有成效。2006年年底，各地建设项目在设计阶段执行节能设计标准的比例约为95.7%，但施工阶段执行节能设计标准的比例仅为53.8%。可见，对于施工阶段的强制执行力度仍需加强。随着执行力的深入，新建建筑节能效果和经济效益必将日益凸显。

然而我国大量已有建筑的能耗问题仍亟待解决，对于既有住宅进行智能化节能改造的难度较大。实验表明，一般性的改造成本为 $80 \sim 120$ 元$/m^2$，产生的节能效益在5年左右收回成本，改造成本由政府和住宅所有人共同承担。以城市供热为例，我国是按照建筑面积均摊供热费用，用户得到供热效果与缴纳费用多少无关，因此住户不愿为改造买单。此外还需要解决改造施工影响居住、破坏已有装修等现实问题，公共建筑节能改造的难点在于国家财政、地方财政对于改造的投入和支持。节能改造的首要问题是进行供热改革，建立合理的供热收费系统，使住户意识到通过智能化节能改造能够有效降低每年的供热费用、提高居住的舒适度，以取得住户的积极配合。公共建筑的智能化节能改造应得到当地政府的政策支持和财政支持，将节能改造推进成果作为政绩评测考核的内容之一，同时对于积极参与的企业给予税收减免和贷款低息政策。

6.2 绿色建筑标准的发展

目前国际上绿色建筑的评价基本还是处于定性评价与定量评价相结合阶段。我国《绿色建筑评价标准》也是采用累积的方法通过计算总分来评价结果。

由于我国经纬度跨度大、气候变化显著、自然条件各异，目前全国通用的标准体系尚无法给予全面、客观、公正的评价。

我国的绿色建筑评估研究，尚处于初始阶段，现行评估体系很大程度上参考了美国的LEED标准，在评价的全面性、层次性、经济可行性、定量分析以及相关制度等方面，我国绿色建筑评价体系还正在完善中。

由于绿色建筑评价是一项高度复杂的系统工程，其评价是针对一个多学科、多角度、多要素的复杂系统，进行规划设计、实施建设、管理使用等全过程的系统化、模型化和数量化的决策,需要定性与定量相结合的决策方法。由于各类的利益交织在评价过程里,若无科学严谨的标准,可能难以获得理想的效果。

绿色建筑的评估需要一个相对合理的量化指标体系,对生态环境效益和经济效益进行综合评估。准确的量化数据是评估系统的基础,而目前我国还缺少生态评估的一些基本数据。由于绿色建筑的指标选择与评价体系的建构很复杂,因而体系的建立需要多学科的融合及相关人员的合作;而指标数值的定量,还有待大量绿色建筑工程实践与运行数据的积累。

6.2.1 绿色建筑设计规范要点

根据住房和城乡建设部于2008年下达的《关于印发<2008年工程建设标准规范制订、修订计划(第一批)>》(建标[2008]102号)的文件,由中国建筑科学研究院与深圳建筑科学研究院组成《绿色建筑设计规范》主编单位,规范编制组经广泛调查研究,认真总结实践经验,参考有关国际标准和国外先进标准,经广泛征求意见,完成了规范的送审稿。

《绿色建筑设计规范》的主要技术内容有十部分:1 总则,2 术语,3 基本规定,4 设计前期策划,5 场地与室外环境,6 建筑设计与室内环境,7 建筑材料,8 给排水,9 暖通空调和10 建筑电气。

1. 总则部分

由于建筑活动是人类对自然资源、环境影响最大的活动之一,而我国正处于经济快速发展阶段,资源消耗总量逐年迅速增长,环境污染严重,因此,必须牢固树立和认真落实科学发展观,坚持可持续发展理念,大力发展低碳经济,在建筑行业推进绿色建筑的发展。建筑设计是建筑全寿命周期的一个重要环节,主导了建筑从选材、施工、运营及拆除等环节对资源和环境的影响,从规划设计阶段入手,规范和指导绿色建筑的设计,来有效推进建筑业的可持续发展。在总则中明确了这一目的,并指出不仅适用于建筑绿色的设计,还适用于既有建筑的改建和扩建;绿色建筑设计应统筹考虑建筑全寿命周期内,满足建筑功能和节能、节地、节水、节材、保护环境之间的辩证关系,体现经济效益、社会效益和环境效益的统一;应降低建筑行为对自然环境的影响,遵循健康、简约、高效的设计理念,实现建筑与自然和谐共生。

建筑从建造、使用到拆除的全过程,包括原材料的获取,建筑材料与构配件的加工热门制造,现场施工与安装,建筑的运行和维护,以及建筑最终的拆除与处置,都会对资源和环境产生一定的影响。关注建筑的全寿命周期,意味着不仅在规划设计阶段充分考虑保护并利用环境因素,而且要确保施工过程中对环境的影响最低,运营阶段能为人们提供健康、全舒适、低耗、无害的活动空间,拆除后又对环境危害降到最低。

绿色建筑要求在建筑全寿命周期内,在满足建筑功能的同时,最大限度地节能、节地、节水、节材与保护环境。处理不当时这几者会存在彼此矛盾的现象,如为片面要求小区景观而过多地用水、为达到节能的单项指标而过多地消耗材料,这些都是不符合绿色建筑理念的;而降低建筑的功能要求、降低适用性,虽然消耗资源少,也不是绿色建筑所提倡的。节能、节地、节水、节材、保护环境及建筑功能之间的矛盾,必须放在建筑全寿命周期内统筹考虑与正确处理,同时还应重视信息技术、智能技术和绿色建筑的新技术、新产品、新材料与新工艺的应用。绿色建筑最终应能体现出经济效益、社会效益和环境效益的统一。绿色建筑最终的目的是要实现与自然和谐共生，建筑行为应尊重和顺应自然，绿色建筑应最大限度地减少对自然环境的扰动和对资源的耗费，遵循健康、简约、高效的设计理念。

2. 暖通部分的自动控制

在暖通部分中单列了自动控制，规定了应对建筑采暖通风空调系统的能耗进行分项、分级计量，在同一建筑中宜根据建筑的功能、物业归属等情况，分区、分层、分户进行能耗计量。在冷热源中心，应能根据负荷变化要求、系统特性或优化程序进行运行调节。对于多功能厅、展览厅、报告厅、大型会议室等人员密度变化相对较大的房间，宜设置二氧化碳检测装置，该装置宜联动控制室内新风量和空调系统的运行。对于设置机械通风的汽车库，宜设一氧化碳检测和控制装置控制通风系统运行。

在工程设计中应合理选择暖通空调系统的手动与自动控制模式，并应与建筑物业管理制度相结合，根据便用功能实现分区、分时控制。暖通空调系统设备应具备手动开关、定时或自动控制装置。

3. 建筑电气部分

建筑电气部分规定在方案设计阶段应制定合理的供配电系统、智能化系统方案，合理采用节能技术和设备。应优先利用市政提供的可再生能源，并尽量设置变配电所和配电间居于用电负荷中心位置，以减少线路损耗。

在《绿色建筑评价标准》GB/T 50378-2006 中"建筑智能化系统定位合理，信息网络系统功能完善"作为一般项要求，因此绿色建筑应根据《智能建筑设计标准》GB 50314、《智能建筑工程质量验收规范》GB 503339 中所列举的各功能建筑的智能化基本配置要求，并从项目的实际情况出发，选择合理的建筑智能化系统。

在方案设计阶段，应合理采用节能技术和节能设备，最大化的节约能源。

太阳能资源或风能资源丰富的地区，当技术经济合理时，宜采用太阳能发电或风力发电作为补充电力能源。当在建筑屋顶或墙面采用太阳能光伏组件时，应进行建筑一体化设计。风力发电机的选型和安装应避免对建筑物和周边环境产生噪声污染。

对于三相不平衡或采用单相配电供配电系统，应采用分相无功自动补偿装置。当供配电系统谐波或设备谐波超出相关国家或地方标准的谐波限值定时，宜对建筑内的主要电气和电子设备或其所在线路采取高次谐波抑制和治理措施，当系统谐波或设备谐波超出谐波值规定时，宜对谐波源的性质、谐波参数等进行分析，有针对性地采取谐波抑制及谐波治理措施；供配电系统中具有较大谐波干扰的地点宜设置滤波装置。

照明设计应根据不同类型建筑的照明要求，合理利用自然采光，在具有自然采光或自然采光设施的区域，应采取合理的人工照明布置及控制措施；合理设置分区照明控制措施；具有自然采光的区域应能独立控制；设置智能照明控制系统，并可设置随室外自然光的变化自动控制调节人工照明照度的装置。

除有特殊要求的场所外，应选用高效照明光源、高效灯具及其节能附件。人员长期工作或停留的房间或场所，照明光源的显色指数不应小于 80。各类房间或场所的照明功率密度值，宜符合现行国家标准《建筑照明设计标准》GB 50034 规定的目标值要求。

变压器应选用低损耗、低噪声的节能产品，并应达到现行国家标准《三相配电变压器能效限定值及节能评价值》GB 20052 中规定的目标能效限定值及节能评价值要求。

应采用配备高效电机及先进控制技术的电梯。自动扶梯与自动人行道应具有节能拖动及节能控制装置，并设置感应传感器。当 3 台及以上的客梯集中布置时，客梯控制系统应具备按程序集中调控和群控的功能。

根据建筑的功能、归属等情况，对照明、电梯、空调、给排水等系统的用电能耗宜进行分项、分户的计量。计量装置宜集中设置，当条件限制时，宜采用远程抄表系统或卡式表具。

大型公共建筑具有照明、空调、给排水、电梯设备运行监控和管理的功能；设置建筑设备能源管理系统，并具有对主要设备进行能耗监测、统计、分析和管理的功能。

6.2.2 绿色建筑评价标准的发展

1. 用能控制与能源管理需列为控制项

在现行的《绿色建筑评价标准》中，用能控制与能源管理的内容只是一般项，不仅针对性差，而且控制力度低，不能有效实现绿色建筑的目标。

参考 LEED2009 版《针对现有建筑的绿色建筑评估体系》中的"运行与维护项目验收表"，能效的管理则列为必备项（相当于我们的控制项），而且在"能源与气候"部分的 35 分中与智能化系统相关的内容有 22 分。

用能控制与能源管理在绿色建筑评价中应具有较高的权重，才能引导设计者与建设者对此更加关注，并切实地给予投入，以确保实现绿色建筑的主要建设目标。因此，用能控制与能源管理列为控制项将是一个趋势。

2. 充分利用最新标准与规范的成果，充实《绿色建筑评价标准》

自从《绿色建筑评价标准》颁布以来，国内在绿色建筑相关领域的工作有了很大的进展与深入，随之编制的大量标准与规范，提出了许多切实有效的技术措施，可以作为绿色建筑评价的依据，建议在修订《绿色建筑评价标准》时给予采纳。这类标准有《公共建筑节能改造技术规范》JGJ 176-2009、《供热计量技术规程》JGJ 173-2009、《建筑节能工程施工质量验收规范》GB 50411-2007、《公共建筑节能工程智能化技术规范》DG/T J08-2040-2008 等。

以上这些标准规范无论是强制性条文，还是推荐性标准，只要是与绿色建筑评价体系明确相关的，其措施与效果就应在《绿色建筑评价标准》中体现。

3. 规范及合理配置星级绿色建筑的智能化功能

从国内绿色建筑评价体系的执行方式来看，应针对不同类型（公共建筑、住宅、既有建筑改造）、不同目标（星级）的绿色建筑设置智能化功能的最低标准。但是在设置智能化功能标准时应注意把握绿色建筑智能化水平，必须以低碳建筑与低碳生活为服务核心的基本智能化功能作为绿色建筑智能化系统的工程内容。

由于智能化功能是自然地渗入在《绿色建筑评价标准》的相关条款内，构成评分的组成部分，这在分专业审查时往往会有困难。要解决这一问题可有两种方法，一是从各部分提取与智能测控及信息管理相关的内容，汇集成系统进行评价；另一种是让智能技术专家嵌入到各专业组参与审查。从效率及效果出发，前一种方法更具实践意义。

鉴于绿色建筑的成效需要在长期的运营过程中才能得以体现，而建筑智能化系统是保障物业运营的重要基础设施，因此，绿色建筑对建筑智能化系统有基本的要求，而且成为是否符合绿色建筑的一条底线。

6.3 绿色建筑智能化技术的发展趋势

在推崇低碳城市生活方式与营造绿色建筑模式的时代，建筑智能化系统发展日益呈现出建筑设备监控以节能为中心、信息通信以三网融合与物联网应用为核心和安全防范以智能处理为重心的三大特征，而建筑智能化技术也正与最新的IT技术形成互动发展。

6.3.1 绿色建筑智能化系统的三大特征

1. 建筑设备监控以节能为中心

在绿色建筑工程中，虽然高效与节能型用能设备的选用已成为规范的技术措施，但是其实际效果如何，需要有运行数据来分析评价。因此无论是新建建筑还是既有建筑，通过能耗监测的实时与历史数据，我们可以对建筑物的设备运行状态进行诊断，对能耗水平进行评估，从而调整设备系统的运行参数，变更用能方式，杜绝能源浪费的漏洞。由能耗数据可以进而形成对既有建筑及其设备系统改造的方案，不断提升建筑物的能效。

绿色建筑中有区域热电冷三联供系统等的控制；有利用峰谷电价差的冰蓄冷系统的控制；有采用最优控制方式来充分利用自然能量来采光、通风，进行照明控制与室内通风空调控制，实现低能耗建筑；有可以随环境温度、湿度、照度而自动调节的智能呼吸墙；有应用变频调速装置对所有泵类设备的最佳能量控制；有自动收集处理雨污水，提供循环使用的水处理设备控制系统。最优控制、智能控制等策略，正在绿色建筑中得到广泛的应用。

将风力发电、太阳能光伏发电、太阳能光热发电、燃料电池等可再生能源与建筑物的供配电系统乃至城市电网融为一体，已是国内外业内人士努力的方向。尽管规模化的发电系统是城市主要的能源，但智能微网试图将分布在建筑物内小规模的可再生能源装置与规模化发电系统融合，以逐步提高城市电网的安全性与可再生能源的使用比例。

总之，在绿色建筑工程中，智能监控的主要目标就是节省用能，降低不可再生能源的消耗。因为每节省1度电，就是减少了约0.8kg 二氧化碳的排放。

2. 以三网融合和物联网应用为核心的信息服务

信息通信不仅支撑着社会与经济的发展，更是节能减排的重要手段。发达的通信改变着人们的生活习惯，形成新型的人际交流模式。仅远程视频会议系统可以使数以千百计的人员在全世界各地汇聚在一个虚拟会场中研讨共同关心的问题，而无需乘坐飞机、火车、汽车等交通工具，耗费大量的时间与能源，对于提高工作效率和减排的贡献是巨大的。

近年来，随着网络通信技术的迅速发展，未来IPV6以及4G移动通信技术都将推广应用，与光通信同步发展的EPON与GPON的应用更推动了电话网、广播电视网与互联网的融合。因此，移动通信无所不至，信息服务无所不能，已经成为强劲的发展方向。在一些新建的建筑物中甚至以全光通信与无线通信的方式，摈弃了传统的综合布线系统。

同时，由计算机、无线通信、RFID等技术支撑的物联网，正在渗入我们的社会、经济与日常生活，以分布式智能处理的形式，改变着社会交流、经营管理与生活方式。由于物联网把大量的事务交由智能芯片微粒自动处理，各类生活用品、生产用品与办公用品所在的区域及建筑物，都需要密布物联网的节点。

尽管在过去的十年中，建设行业已经开始面对三网融合与物联网应用为核心的信息服务，形成了门禁、车库管理、资产管理、消费管理等应用，但是今后在绿色建筑中这些技术与应用的发展将更为迅猛。

3. 智能处理安全事务

在创建和谐社会、平安社区的要求下，安全防范要求日益提高，公共建筑、工业建筑与住宅建筑中消防工程和安防工程已成为常规建设内容。由于建筑物体量的不断增大，在多功能的大型建筑物中，大流量的人群集聚增大了安全风险。因而提升消防与安防装备的技术水平，应对可能出现的各类突发事件，已是绿色建筑面临的重大挑战。

传统安防系统主要是视频监控系统与防盗报警系统。为了提升这些系统的性能，就必须采用智能传感技术，如可在超低照度环境下工作的CCD，采集生物特征的探测器及微量元素探测器等。不仅如此，由于海量的探测信息，已无法依赖人工进行处理，于是各类智能分析系统应运而生，已投运的有移动人体分析、面容比对分析、街景分析、区域防范分析、车辆版照识别、人流密度分析、人物分离分析、人数统计等各类应用。

为提升火灾自动报警系统的性能与工作效率，火灾探测器也有了巨大的技术进步。一是改变火灾探测的机理，如用视频遥感、光纤传感等方式来采集火灾信息；二是在传统的火灾探测器上植入CPU，增加智能识别程序，使之成为具有智能的探测器，从而提升火灾自动报警系统的可靠性与效率。

建筑物和城市区域一般都设有消控中心，设置了火灾自动报警系统和安防系统，各自独立工作。随着信息技术的广泛应用和国家对突发事件的应急处置要求的提高，消控中心的职能发生了跃迁，即它在常态下协调消防、安防、物业设施等各项业务，进行正常运营；在突发事件时则自动构成应急指挥中心，对现场上传的消息进行研判，根据应急预案对各项业务资源进行应急调度、联动控制。于是综合信息交换平台、汇集多种通信工具的综合通信平台、信息集成管理平台、综合显示平台等应运产生，构成一个较为完整的应急指挥系统。

6.3.2 基于IT新技术的建筑智能化技术的发展

近年来，IT领域出现了许多新概念、新技术及新的商业模式，其中"云计算"、"物联网"、"三网融合"与"智能电网"正日益影响人类社会生活的各个方面，这些多学科、多专业结合的技术正在推进智能化的技术进步。

1. 通过加强节能设备的监控与"智能电网"互动，实现对耗能设备监控，最大限度节省能源，并对可再生能源有效调控，以充分利用新能源，从而减少建筑物因能耗而产生的二氧化碳排放。

2. 通过广泛使用RFID与"物联网"互动，在生产、生活、社会的各领域行业使用RFID，在后台构建强大平台，以标准开放的模式实现全社会的资源共享。智能建筑在20世纪90年代末已经使用RFID技术，实现了出入口管理、车库管理、一卡通及资产管理，今后将利用"物联网"概念推进其在各行业的应用，进而提升RFID的技术应用水平。

3. 通过多媒体信息集成与"云计算"互动,将安全、信息服务、娱乐管理的多媒体信息集中/分散处理、存贮与管理,使每台PC或手机终端均可进入系统实现信息共享与工作组织。

4. 通过多媒体信息传输与"三网融合"互动,将建筑物与城市运行所需要的大量多媒体信息,由信息源传送到信息消费点。如何使电话网、数据网与电视网不再以业务分类独立,实现统一的传输,这不仅是技术的突破,更需要管理模式与制度的改革。如果"三网融合"获得实质性突破,将对传统的布线系统提出新的需求与挑战。

6.3.3 绿色建筑智能化发展前景

绿色建筑不同于传统建筑,其建设理念跨越了建筑物本体而追求人类生存目标的优化,是一个大系统多目标优化的规划。同时,绿色建筑必须采用大量的智能系统来保证建设目标的实现,这一过程需要信息、控制、管理与决策,智能化、信息化是不可缺少的技术手段。住房和城乡建设部仇保兴副部长在《中国的能源战略与绿色建筑前景》一文中提出:"以智能化推进绿色建筑,节约能源,降低资源消耗和浪费,减少污染,是建筑智能化发展的方向和目的,也是绿色建筑发展的必由之路。"

由于绿色建筑在我国刚刚起步,其中大量的课题有待人们去探索与实践。中国的建筑智能化行业在智能与绿色建筑的发展过程中,必将获得更大的发展机遇,其技术水平将随之上升到一个新的高度。

参考文献

第 1 章参考文献：

[1] 程大章. 智能建筑理论与工程实践 [M]. 北京：机械工业出版社，2009.

[2]《绿色建筑评价标准》GB 50378-2006[S]. 北京：中国建筑工业出版社，2006.

[3] 建设部科技司. 智能与绿色建筑文集 1[C]. 北京：中国建筑工业出版社，2005.

[4] 建设部科技司. 智能与绿色建筑文集 2[C]. 北京：中国建筑工业出版社，2006.

[5] 建设部科技司. 智能与绿色建筑文集 3[C]. 北京：中国建筑工业出版社，2007.

[6] 建设部科技司. 智能与绿色建筑文集 4[C]. 北京：中国建筑工业出版社，2008.

第 2 章参考文献：

[1] 程大章. 智能建筑理论与工程实践 [M]. 北京：机械工业出版社，2009.

[2]《绿色建筑评价标准》GB 50378-2006[S]. 北京：中国建筑工业出版社，2006.

[3] 程大章. 智能建筑楼宇自控系统 [M]. 北京：中国建筑工业出版社，2005.

[4] 程大章. 智能建筑工程设计与实施 [M]. 上海：同济大学出版社，2001.

第 3 章参考文献：

[1] 喻李葵. 智能建筑与可持续发展 [M]. 北京：中国建筑工业出版社，2010.

[2] 清华大学建筑节能研究中心. 中国建筑节能年度发展研究报告 2010[R]. 北京：中国建筑工业出版社，2010.

[3] 刘叶冰. 住宅小区智能化设计与实施. 北京：中国电力出版社，2009.

[4] 中国建筑业协会智能建筑专业委员会 建设部科技委智能建筑技术开发推广中心. 建筑节能智能技术导则（试行）[S]. 北京：中国建筑工业出版社，2008.

[5] 谢秉正. 绿色智能建筑工程技术 [M]. 南京：东南大学出版社，2007.

[6] 建设部住宅产业化促进中心. 绿色生态住宅小区建设要点与技术导则 [S], 2001.

[7] 国家质量技术监督局 建设部. 住宅设计规范 GB50096-1999, 1999.

[8] 李辉. 城市公共空间的绿色建筑体系研究 [D]. 东北师范大学博士学位论文, 2000.

[9] 王若竹，钱永梅. 绿色住宅建筑的发展现状及在我国的发展前景分析 [J]. 吉林建筑工程学院学报, Vol. 25. No. 1.Mar. 2008.

[10] 朱银普. 关于节能型住宅建筑的规划设计 [J]. 建材与装饰, 2008 年 6 月.

[11] 武捷，史华伟. 浅谈住宅建筑节能设计 [J]. 山西建筑, Vol. 34 No. 2 .Jan. 2008.

[12] 朱建军等. 住宅建筑的节能技术研究 [J]. 建筑科学, 2008 NO.15.

[13] 郑怀江. 工业建筑空调节能技术措施浅谈 [J]. 机械工程师, 2007 年第 11 期.

[14] 潘兴强，付丽丽. 工业建筑人性化设计初探 [J]. 山西建筑, Vol. 34 No. 4 Feb. 2008.

[15] 刘俊.关注发展中的工业建筑.应用能源技术 [J],2008 年第 7 期.

第 4 章参考文献：

4.1 节参考文献：

[1] 沈晔主编.楼宇自动化技术与工程（第 2 版）[M].北京：机械工业出版社，2009.

[2] 程大章主编.智能建筑楼宇自控系统 [M].北京：中国建筑工业出版社，2005.

[3] 蔡敬琅编著.变风量空调设计（第二版）[M].北京：中国建筑工业出版社，2007.

[4] CSM ECO 水冷系统应用手册 [M].麦克维尔空调（上海）有限公司，2007.

[5] 变风量空调（VAV）及地台送风系统（UFAD）[M].施耐德电气（中国）投资有限公司上海分公司，2008.

4.2 节参考文献：

[6] 马亮等.局域网组网技术与维护管理 [M].北京：电子工业出版社，2009.

[7] 周洪波.物联网：技术、应用、标准和商业模式 [M].北京：电子工业出版社，2010.

[8] 李立高.通信线路工程 [M].西安：西安电子科技大学出版社，2008.

[9] 信息产业部.通信工程施工技术（试用）[M]，2005.

[10] 刘冬梅.建筑节能在通信建筑中的应用 [J]，邮电设计技术，2003 年第 4 期.

[11] 电信技术.节能减排坚定不移绿色通信任重道远 [J]，2008 年第 7 期.

[12] 郑大永等.通信业深化节能减排的举措，通信与信息技术 [J]，2009 年第 4 期.

4.3 节参考文献：

[13] ASHRAE Standard 55-1992[S]; American Society of Heating,Refrigeration and Air Conditioning Engineers, 1992.

[14] Ventilation for Acceptable Indoor Air Quality, ASHRAE Standard 62-1989[S]; American Society of Heating,Refrigeration and Air Conditioning Engineers, 1989.

4.4 节参考文献：

[15] 冯威、程大章.建筑物能源管理系统 [J].智能建筑与城市信息，2005 年第 6 期.

第 5 章参考文献：

5.1 节参考文献：

[1] 孙军，张九根.智能照明控制系统 [M].南京：东南大学出版社，2009.

[2]《智能建筑设计标准》GB/T50314-2000[S].北京：中国建筑工业出版社，2007.

5.2 节参考文献：

[3] 韩剑宏.中水回用技术及工程实例 [M].北京：化学工业出版社，2004.

5.3 节参考文献：

[4] 周焕明.建筑遮阳节能技术浅析 [J].中国科技财富，2009 年第 6 期.

[5] 张竹慧.浅析建筑中的遮阳技术 [J].科技信息，2009 第 7 期.

[6] 刘加平，杨柳.室内热环境 [M].北京：中国建筑工业出版社，2005.

5.4 节参考文献：

[7] 李宏.双层玻璃幕墙中的三种通风类型 [J].国外建筑科技，2004 年第 25 卷第 6 期.

[8] 王飞，张彦. 呼吸式双层玻璃幕墙设计浅析 [J]. 山西建筑，2007 年 10 月第 33 卷第 30 期.
[9] 吕崇兵. 双层玻璃幕墙的开发应用与节能技术 [J]. Doors & windows，2010.02.
[10] 王强，黄义龙，曹芹. 双层玻璃幕墙节能效果实验研究 [J]. 新型建筑材料，2006.7.
[11] 安凌艳. 双层玻璃幕墙构造及其节能措施 [J]. 山西建筑，2008 年 5 月第 34 卷第 13 期.

5.6 节参考文献：
[12] 刘松，杨鹏. 太阳能光伏发电系统控制器的设计 [J]. 江苏电器，2008，NO.12.
[13] Kasemsan Siri, Kenneth A.Conner. Sequentially Controlled Distributed Solar-Array Power System with Maximum Power Tracking[C]. 2004 IEEE Aerospace Conference Proceedings.
[14] 杨浩. 太阳能发电并网系统研究综述 [J]. China New Technologies and Products，2009，NO.6.
[15] Stanislav Misak, Lukas Prokop. Off-grid Power Systems[J]. Environment and Electrical Engineering, 2010.
[16] 汤宁. 一种太阳能路灯的设计 [J]. 通信与广播电视，2008 年第 4 期.
[17] 王健强. 太阳能发电技术与应用——最大功率跟踪点 [J]. 电力电子，2009 年 2 期.
[18] 赵庚申，王庆章. 最大功率跟踪控制在光伏系统中的应用 [J]. 光电子·激光，2003 年 8 月第 14 卷第 8 期.
[19] 付文辉；太阳能光伏发电监控系统的设计与实现 [D]；电子科技大学工程硕士论文，2007 年 4 月.
[20] 张志强，马琴，程大章. 太阳能光伏发电系统中的控制技术研究 [J]. 低压电器现代建筑电气篇，2008.12.

5.7 节参考文献：
[21] 胡其颖. 太阳能热发电技术的进展及现状 [J]. 能源技术，2005 年 10 月第 26 卷第 5 期.
[22] M.Hosein Mehraban Jahromi, Bahram Dehghan, Ali Mehraban jahromi, S.Faride Zarie；Solar Power Plant[J]. Computer and Electrical Engineering, 2009.
[23] 吕秋萍. 太阳能采暖和热水组合系统的研究 [J]. 甘肃科学学报，2009 年 3 月，第 21 卷第 1 期.
[24] 喜文华，魏一康，张兰英. 太阳能实用工程技术 [M]. 兰州大学出版社，2001，212-241.
[25] 钱斌. 太阳能热水系统在建筑工程中的应用与探讨 [J]. 新能源与环境，2010 年第一期.
[26] 刘磊. 住宅太阳能热水系统供水模式研究 [J]. 河南科技，2010.5 上.
[27] 赵积红，周广凛，王鹤，刘玉磊，袁家普. 基于太阳能热水工程的电气控制系统设计 [J]. China Appliance Technology 家电科技，太阳能热水器技术专题.
[28] 曹旭明. 太阳能热水系统在北京奥运村工程中的应用 [J]. INSTALLATION 安装，2010 年第 2 期.
[29] 金吉祥，杨晓华，葛兴杰，高君，沈继江. 太阳能集中热水系统设计与施工 [J]. 施工技术，2009 年 11 月，第 38 卷第 11 期.
[30] 廉小亲，张晓力，熊斌. 太阳能热水监测系统的数据处理及分析 [J]. 测控技术，2009 年第 28 卷第 8 期.

5.8 节参考文献：
[31] 田海娇，王铁龙，王颖. 垂直轴风力发电机发展概述 [J]. 应用新能源，2006 年第 11 期.
[32] 王成，王志新，张华强. 风电场远程监控系统及无线网络技术应用研究 [J]. PROCESS AUTOMATION INSTRUMENTATION Vol．29 No．11 November 2008.
[33] 郝建红. 风力发电机状态监控与数据分析系统 [D]. 华北电力大学硕士学位论文，2007.
[34] 张向锋，王致杰，刘天羽. 一种风力发电远程监控系统的研究 [J]. 电气技术，2009 年第 8 期.
[35] 刘细平；林鹤云. 风力发电机及风力发电控制技术综述 [J]. 大电机技术，2007-NO.3.
[36] 郭洪澈，郭庆鼎. 风力发电场分布式微机自动监控系统的实现 [J]. 节能，2001 年第 8 期.

[37] 郑翔，徐余法，王致杰．风力发电机组齿轮箱润滑油温度监控系统 [J]．上海电机学院学报，2008 年 12 月第 11 卷第 4 期．

[38] 徐德，孙同景．风力发电机调向控制系统 [J]．太阳能学报，1996 年 7 月，第 17 卷第 3 期．

第 6 章参考文献：

[1] 程大章．智能建筑理论与工程实践 [M]．北京：机械工业出版社，2009．

[2]《绿色建筑评价标准》GB 50378-2006[S]．北京：中国建筑工业出版社，2006．

[3] 建设部科技司．智能与绿色建筑文集 1[C]．北京：中国建筑工业出版社，2005．

[4] 建设部科技司．智能与绿色建筑文集 2[C]．北京：中国建筑工业出版社，2006．

[5] 建设部科技司．智能与绿色建筑文集 3[C]．北京：中国建筑工业出版社，2007．

[6] 建设部科技司．智能与绿色建筑文集 4[C]．北京：中国建筑工业出版社，2008．

[7] 程大章．智能建筑楼宇自控系统 [M]．北京：中国建筑工业出版社，2005．

[8] 程大章．智能建筑工程设计与实施 [M]．上海：同济大学出版社，2001．